# 모아
# 건축설비(산업)기사

**필기+실기** 엑기스 요약집

이현석

MOAG

# Contents 이 책의 차례

## PART 01 공기조화설비 (※ 기사·산업기사, 필·실기 공통)

CHAPTER 01. 기초역학 ······ 6
CHAPTER 02. 열역학 ······ 10
CHAPTER 03. 유체역학 ······ 18
CHAPTER 04. 공기선도 ······ 29
CHAPTER 05. 공기조화 ······ 38
CHAPTER 06. 공기조화기기 ······ 46

## PART 02 위생설비 및 덕트배관 (※ 기사·산업기사, 필·실기 공통)

CHAPTER 01. 급수 급탕설비 ······ 52
CHAPTER 02. 위생기구 및 배수통기 설비 ······ 61
CHAPTER 03. 가스설비 ······ 67
CHAPTER 04. 덕트 ······ 68
CHAPTER 05. 배관 ······ 71

## PART 03 건축환경 및 법규 (※ 기사·산업기사, 필기 공통)

CHAPTER 01. 건축법규 ································································ 76
CHAPTER 02. 소방법규 (※ 기사·산업기사, 필·실기 공통) ············ 103

## PART 04 건축일반 및 건축환경

CHAPTER 01. 건축일반 및 건축계획 (※ 기사 필기) ··············· 112
CHAPTER 02. 건축환경 (※ 기사·산업기사, 필기 공통) ················· 134

## PART 05 전기설비 및 소방설비 (※ 기사 필기)

CHAPTER 01. 기초전기 ······························································ 138
CHAPTER 02. 전기설비 ······························································ 147
CHAPTER 03. 소방설비 ······························································ 158

모아바 www.moa-ba.com
모아소방전기학원 www.moate.co.kr

# 01

건축설비(산업)기사
엑기스 요약집

PART

공기조화설비

# CHAPTER 01 | 기초역학

## 01 단위계

### 1 SI 7개 기본단위

| 길이 | 질량 | 시간 | 온도 | 광도 | 전류 | 물질량 |
|---|---|---|---|---|---|---|
| m | kg | sec | K | cd | A | mol |

### 2 유도단위

| 속도 | 가속도 | 힘 | 일 | 일률(동력) | 압력 |
|---|---|---|---|---|---|
| $m/\sec$ | $m/\sec^2$ | $N$ | $J$ | $W$ | $Pa$ |

※ 다음 단위는 시험문제에서 매우 자주 사용함

$Nm = J$

$N/m^2 = Pa$

$1cal \fallingdotseq 4.19J$ 이며 $1kcal \fallingdotseq 4.19kJ$

$J/\sec = W$ 이므로

$J = W \cdot Sec$ 또는 $Wh$

$kJ = kW \cdot Sec$ 또는 $kWh$로 표현

(1) 동력 단위

① 1kW = 102kgf·m/s = 860kcal/h

② 1HP = 76kgf·m/s = 641kcal/h

③ 1PS = 75kgf·m/s = 632kcal/h (미터법 기준 프랑스마력)

## 02 압력

### 1 압력단위

(1) 압력의 정의 : 단위 면적당 수직으로 작용하는 힘

$$P = \frac{F}{A}$$

F : 힘[N]
A : 단위 면적[m²]

### 2 압력의 분류

(1) 표준 대기압 [1atm] : 지구의 대기를 이루고 있는 공기가 누르는 압력을 대기압이라 함. 대기압은 토리첼리의 실험에 의하여 얻어진 값으로 단위에 따라 다음과 같이 표현될 수 있음

1기압(atm) = 10.332mAq = 10.332m$H_2O$
     = 10332mmAq(수두 또는 수주)
     = 1.0332kgf/cm² = 760mmHg (수은주)
     = 0.101325MPa = 101.325kPa = 1.013bar

(2) 절대압력(Absolute Pressure)
완벽한 진공을 0점으로 두고 측정한 압력

(3) 게이지압력(Gauge Pressure)
국소대기압의 기준을 0으로 하여 측정한 기기의 압력

(4) 국소대기압 : 환경에 따라 측정 지점, 시점의 대기압 상태를 나타냄. 이때 절대기압으로 표현하고 이로부터 게이지압이 측정됨

(5) 진공압력 : 게이지압력과는 반대로 대기압을 기준을 0으로 하여 그 이하로 내려온 압력 크기[(-)부압]

※ 절대압력 = 대기압 + 게이지압 또는 절대압력 = 대기압 - 진공압

### 3 진공도(Degree of Vacuum)

대기압의 기준을 0으로 하여 완전진공 사이를 측정한 %값, 진공도를 절대압력으로 환산하면 완전진공으로부터 대기압 사이를 100%로 하여 진공도로 뺀 값과 같음

$$\frac{대기압 - 절대압력}{대기압} \times 100 = 진공도\%$$

### 4 압력 단위의 환산

$$\frac{x[mmHg]}{760[mmHg]} \times 10.332[mAq] = y[mAq]$$

※ 환산하려는 값 x를 같은 단위의 1기압 기준으로 나누어(단위를 상각하고) 구하려는 단위의 1기압 기준을 곱하면 구하려는 단위의 y값을 얻을 수 있음

※ 기본적 압력 단위에 능숙해지면 $\rho \times g = \gamma$  $P/r = H[mAq]$ 등을 사용

## 03 밀도, 비체적, 비중, 비중량

### 1 밀도 : 단위 체적[$m^3$]당 질량[$kg$]

보통 기호로 $\rho$(로)를 사용. (체적)비질량이란 용어로 쓰일 만도 하였으나, 밀도는 오랫동안 계량으로 쓰여 온 개념으로 관례적 용어가 채택되어 쓰인 것으로 보여짐

**2** 비체적(Specific Volume)$[m^3/kg]$ : 단위 질량$[kg]$당 체적$[m^3]$

보통 기호로 $v$(백터)를 사용하고 (질량)비체적이란 용어가 쓰이며, 단위로 보나 용어로 보나 밀도의 역수임을 알 수 있음

**3** 비중량(specific weight)$[N/m^3][kgf/m^3]$
: 단위 체적$[m^3]$당 힘 = 중량$[N],[kgf]$

(체적)비중량이란 용어가 쓰임. 보통 기호로 $\gamma$(감마)를 사용하며, $[kgf]$[킬로그램중]은 1kg의 물체가 중력가속도에 의해 땅으로 떨어지려는 힘을 의미$[1kg \times 9.8m/s^2]$

※ 중량[kgf]과 질량[kg]은 다른 단위임에도 불구하고 많은 교재에서 혼용하여 수험자 혼란을 초래할 뿐만 아니라 이를 이용한 실수를 유도하는 시험문제도 빈번하니, 다른 개념으로 생각해야 함. 구분하지 않으면 밀도와 비중량은 같은 개념이 됨

예) $9.8[N]=1[kgf]=1[kg] \times 9.8[m/\sec^2]$

**4** 비중

(1) (액체)비중 : 일반적으로 비중이라고 하면 기준(4°C, 1atm 물)과 비교한 비를 말함. 액체, 고체에 한하며, 단위는 분모와 분자의 단위가 상각되어 없으며 무차원(무단위)임

예) $\dfrac{x[kg/m^3]}{4°C\ 1atm\ 물kg/m^3}$ , $\dfrac{x[KN/m^3]}{4°C\ 1atm\ 물[KN/m^3]}$

(2) (가스)비중 : 가스 비중은 공기의 평균분자량과 비교한 어떠한 가스의 분자량의 비를 말하며, 기체만 해당됨

예) $\dfrac{x의\ g분자량}{공기의\ 평균g\ 분자량}$

# CHAPTER 02 열역학

## ① 온도

### 1 온도의 개념

온도는 물체의 열 정도를 나타내는 물리적 척도로 분자의 운동속도(또는 떨림)를 말함

(1) 온도의 단위

① 섭씨온도[℃] : 물의 어는 점(빙점 = 융점 = 녹는점)을 0℃로 물의 끓는점(비점)을 100℃로 100등분하여 사용한 것

② 캘빈온도[K] : 자연계 최저온도를 0°K(약 -273℃)로 설정하고 물의 어는점을 약 273K로, 물의 끓는점을 373K로 100등분하여 사용한 것

③ 화씨온도[°F] : 물의 어는점을 32°F로, 물의 끓는점을 212°F로 180등분하여 사용한 것

④ 랭킨온도[R] : 자연계 최저온도를 0R로 설정하고 물의 어는점을 492R로, 물의 끓는점을 672R로 180등분하여 사용한 것

(2) 측정 구분에 따른 온도

① 건구온도[DB : Dry Bulb Temperature, t℃]
온도계로 측정 가능한 온도, 습도와 관계없이 측정되는 온도

② 습구온도[WB : Wet Bulb, t′℃] : 봉상온도계(유리온도계)의 수은부분에 명주를 물에 적셔 수분이 대기 중에 증발될 때 측정된 온도. 이는 증발원이 있는 물체, 대표적으로 인체 등 실제적으로 느낄 수 있는 온도로 해석될 수 있음

③ 흑구온도 : 복사온도를 측정하기 위한 온도(복사온도는 태양 등 열원의 전자기파를 물체가 흡수하였을 때 열에너지로 변환되는 경우의 온도를 말한다)

④ 노점온도[DT : Dew Point Temperature] : 대기 중 존재하는 수증기가 응축하여 이슬이 맺히기 시작하는 온도를 말함. 건축설비에서 노점은 절대습도와 건구온도의 조건 아래에서 이슬이 생기는 온도(온도차이)를 측정함으로써 결로 방지를 위한 척도로 사용됨

(3) 유효온도

① 유효온도(체감온도, Effective Temperature) : 유효온도는 온도, 기류, 습도를 조합한 감각 지표로서 실효온도 또는 감각온도라고도 함

② 수정유효온도(Corrected Effective Temperature) : CET는 유효온도에 복사열을 더 조합하여 복사의 영향을 고려하기 위해 고안됨

③ 신유효온도(ET*) : 유효온도의 상대습도 100% 기준 대신에 50% 선과 건구온도의 교차로 표시한 쾌적지표를 기준

④ 표준유효온도(SET : Standard Effective Temperature) : 신유표온도를 발전시킨, 상대습도 50%, 풍속 0.125m/s, 활동량 1Met, 착의량 0.6clo(clo : 의복의 열저항 단위)의 동일한 표준환경에서 환경변수들을 조합한 쾌적지표로 활동량, 착의량 및 환경조건에 따라 달라지는 온열감, 불쾌적 및 생리적 영향을 비교 평가할 때 유용

## 02 열과 열량

### 1 열역학 법칙

(1) 제 0법칙 : 물체의 고온과 저온에서 마침내 열평형을 이룸

(2) 제 1법칙 : 일은 열로, 열은 일로 교환할 수 있음

　[예] 일의 열당량, 열의 일당량

　① 일의 열당량(일을 열로 전환할 때 발생되는 열량)

$$1/427 \text{kcal}/(\text{kgf} \cdot \text{m})$$

② 열의 일당량(열량으로 할 수 있는 일의 양)

$$427 kgf \cdot m/kcal = 4.19 kJ/kcal = 4.19 kNm/kcal$$

(3) 제 2법칙

자연계는 비가역적인 변화가 일어남(가역적 변화 없음 = 등가 교환 없음 = 손실 발생) 자연계에 아무런 변화도 남기지 않고 열은 저온에서 고온으로 이동하지 않음. 즉 성적계수가 무한대인 냉동기의 제작은 불가능(= 무한동력기는 없다)

(4) 제 3법칙

절대온도 0도에 이르게 할 수 없음

## 2 열, 열량과 비열

(1) 열(Heat)

열은 온도 차이에 의하여 물체 간 이동하는 에너지의 일종

(2) 열량(Heat Capacity)

열량은 열의 이동량을 말함. 열량의 단위로는 [kcal] 또는 [kJ]이 사용됨

(3) 비열(Specific Heat)

비열은 단위 용량의 어떤 물질을 1℃ 올릴 때 필요한 열량을 말함 $[kcal/(kg \degree C)], [kJ/(kgK)]$ - 따라서 단위에 온도가 들어감

① [kcal]는 1Kg의 물 1℃ 올릴 때 필요한 열량을 기준으로 한 단위 (Cal는 1g의 물)

② [J] =[N·m]은 단위변환에서 설명됨. [1Kcal = 4.19KJ]임은 반드시 기억해야 함. 또한 단위로 [kgf·m], [Wh] 등이 쓰임

(4) 열용량

어떤 물질의 지금 현상 그대로 전부를 1℃ 올릴 때 필요한 열량은 열용량이라 함

## 03 물의 상태 변화

### 1 열역학 법칙 현열(감열)과 잠열

(1) 현열(감열) : 온도변화만 일으키는 열(상태변화 없음)
(2) 잠열 : 상태 변화만 일으키는 열(온도변화 없음)
  ① 얼음의 융해(응고) 잠열 : 79.68[kcal/kg] ≒ 334[KJ/kg]
  ② 물의 증발(응축) 잠열 : 539[kcal/kg] ≒ 2257[KJ/kg]

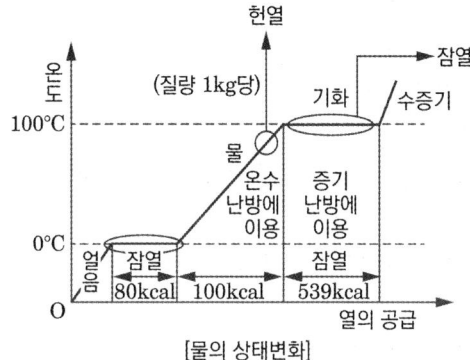

[물의 상태변화]

※ 잠열은 비열이 아니며,
   잠열은 온도변화가 없어 단위에 온도가 들어갈 수 없음
※ 빙점 = 융점 , 끓는점(증발) = 비점


## 04 열전달

### 1 열의 이동

열의 이동은 두 물체 사이 항상 온도가 높은 곳에서 낮은 곳으로 이동하여 결국 평형을 이룸. 두 물체 사이 온도차가 클수록 빠르게 이동되며, 이것을 온도구배라고도 하며 열역학 0법칙이기도 함

(1) 열전도(Conduction) : 두 물체 사이 접촉으로 열이 이동하는 현상
  ① 열전도율(Heat Conduction Coefficient, λ-람다-)
    물질에 따라 열이 이동하는 정도가 다른데 이것을 열전도율이라 함 (전열재료로 비중이 작은 것일수록 열전도율이 작다. 따라서 단열재는 비중이 작다)
  ② 열전도율의 단위
    열전도율은
    $[kW/(mK)]$ 또는 $[kJ/(mhK)]$, $[kcal/(mh°C)]$를 사용하며,
    $1[kcal/(mh°C)] ≒ 4.19[kJ/(mhK)]$임
(2) 열대류(Convection)
  대류는 밀폐 공간 내 전도에 의해 온도가 높아진 유체가 상대적으로 밀도가 작아져 가벼워지므로 상승하고 비교적 온도가 낮은 밀도가 높은 유체가 그 부분을 메우게 되어 순환하게 되는 현상 이러한 현상으로 열은 순환. 대류는 자연적으로 일어나지만 송풍기 등을 이용하여 강제적 대류를 만들기도 하는데 전자를 자연대류 후자를 강제대류라 함
(3) 열복사(Radiation)
  열 전달 매체 없이 직접 대상물에 전달되는 현상
  대표적으로 태양으로부터 지구로 복사열이 전달되며, 복사는 흑색표면에 잘 흡수되고 광택 표면에서는 잘 반사됨

## 2 열의 이동열전도, 열전달, 열통과율, 열저항

(1) 열전도율 $q_c$ : 어떤 단위 두께의 특정 물질의 단위평방당, 시간당, 온도차당 전열량 정도를 말하며, 이때 비례상수를 열전도계수 $λ[kJ/(mhK)]$라고 함

$$q_c = λ\frac{A(t_2-t_1)}{l} = λ\frac{AΔT}{Δx}$$

λ[kJ/(mhK)] : 열전도계수
ΔT[K] : 온도차
Δx[m] : 두께

열전도율, 열전도계수는 특정 물질의 고유한 값

(2) 열전달률 $q_h$(대류열전달) : 고체에서 기체 또는 액체, 기체 또는 액체에서 고체사이 열이 전달되는 경우로 특정 물질 사이 단위평방당, 시간당, 온도차당 이동 열량 정도를 열전달률이라고 하며, 이때 온도차에 의한 비례상수를 열전달계수 $h[kJ/(m^2hK)]$라고 함

$$\text{열전달률 } h = \frac{kJ}{m^2hK}$$

$$= h[W/(m^2K)], [kJ/(m^2hK)], [kcal/(m^2hK)]$$

열전달률은 두께가 단위에 없으며, 특정 물질 사이의 고유한 값

$$q_h = hA(T_1 - T_2) \quad q_h = \text{대류열전달률}$$

(3) 열통과율 K(= 열관류율) : 벽체 등 복합적인 구조에서 열전달률과 열전도율을 더한 값(= 총 전열량 정도)

(4) 열저항 R : 열저항은 열통과율(열관류률)의 역수로 볼 수 있으며, 전기회로의 저항과 같은 개념으로 이때 열전달률을 전류, 온도차를 전압(전위차)으로 생각할 수 있음(열저항 = 열통과율의 역수)

※ (지정)열저항의 경우, (벽체)열저항 = 벽체열전도률의 역수

$$\text{벽체열전달률 } q = k\frac{A(T_1 - T_2)}{\Delta x} \quad q = \frac{kA(1)}{\Delta x}$$

$$\therefore R = \frac{1}{q} = \frac{\Delta x}{kA}$$

※ (대류)열저항 = 대류열전달율의 역수

$$\text{대류열전달률 } q = hA(T_1 - T_2) \quad q = hA(1)$$

$$\therefore R = \frac{1}{q} = \frac{1}{hA}$$

### 3 정압비열과 정적비열

(1) 정압비열 ($C_P$) : 압력을 일정하게 하여 가열하였을 때의 비열
  ※ 공기의 정압비열 = 1.01kJ/(kgK) = 0.24kcal/(kg℃)
(2) 정적비열 ($C_V$) : 부피를 일정하게 하여 가열하였을 때의 비열
(3) 비열비 (K) : 정적비열에 대한 정압비열의 비
  ※ 정압비열 > 정적비열 : 정압비열이 항상 크고 정적비열이 항상 작음. 정압비열이 항상 큼 = 압력이 일정하려면 대기압처럼 열린 공간이며, 이때 기체의 확산에 따른 운동에너지가 포함되기 때문에 가열된 에너지가 더 들게 됨. 압력밥솥 같이 부피가 밀폐 공간에서 가열된 에너지가 항상 효율적으로 됨

$$비열비 \quad K = \frac{C_P}{C_V} > 1$$

  ※ 비열비는 항상 1보다 큼(정압비열 > 정적비열 : 정압비열이 항상 크고 정적비열이 항상 작다는 의미 = 정적비열이 항상 효율적)

### 4 열량 계산 방식

(1) 현열 구간일 때

Q = GCΔT
※ 열평형식에서 잘 나오는 식

$Q$ : 열량(현열)[kJ/h],[kW]
$G$ : 물체의 질량유량[kg/h]
$C$ : 비열[kJ/(kgK)]
$\Delta T$ : 온도차[℃], [K]
※ 두 단위의 절댓값은 같음

(2) 잠열 구간일 때(온도의 변화가 없음 = 온도 변수가 없음)

Q = G × r

$Q$ : 열량(잠열)[kJ/h],[kW]
$G$ : 물체의 질량유량[kg/h]
r : 잠열[kJ/kg]

→ 물의 증발잠열 2257[kJ/kg](539[kcal/kg]), 얼음의 융해잠열 334[kJ/kg](79.68[kcal/kg] 보통 80)으로 계산

## 5 엔탈피와 엔트로피

(1) 엔탈피 : 상태함수(경로와 무관한)로 계(System)의 내부에너지와 압력과 부피의 곱을 더한 값. 건축설비 공조냉동에 있어서는 일정한 대기압에서 실내 부피를 기준으로 내부에너지, 즉 현열과 습도에 따른 잠열의 에너지를 고려한 전열값

① 
$$i = u + Pv$$

$i$ : 엔탈피[kJ/kg]
$u$ : 내부에너지[kJ/kg]
$P$ : 압력[N/m$^2$]
$v$ : 비체적[m$^3$/kg]

② 단위 : [kJ/kg], [kcal/kg]

# CHAPTER 03 유체역학

## 01 연속방정식

### 1 정의

유체 흐름에 질량 보존의 법칙을 적용시킨 방정식

### 2 종류

비압축성 유체(예 : 물)는 압력에 따라 변동이 없으므로 밀도, 비체적, 비중량 등 기타 환경에 민감하지 않으므로 관계없이 질량 유량으로 변환이 가능. 압축성 유체(기체)는 환경에 민감히 변동하므로 이에 맞는 연속 방정식을 사용하여야 함. 그러나 기본적으로 부피 유량으로 기준을 잡는 것이 계산을 위해 편한 방법

(1) 부피유량 : $Q[m^3/s] = A[m^2] \times U[m/s]$

※ 관을 지나는 부피 유량은 관 단면적에 비례하고 유속에 비례

(2) 질량유량 : $Q[m^3/s] = A[m^2] \times U[m/s]$

$$Q[m^3/s] \times \rho_1[kg/m^3] = A[m^2] \times U[m/s] \times \rho_2[kg/m^3]$$

$$\frac{Q[m^3/s]}{\nu_1[m^3/kg]} = \frac{A[m^2]U[m/s]}{\nu_2[m^3/kg]}$$

$$\therefore Q[kg/s] = A[m^2] \times U[m/s] \times \rho_2[kg/m^3]$$

(3) 중량유량 : $Q[m^3/s] = A[m^2] \times U[m/s]$

$$Q[m^3/s] \times \gamma_1[N/m^3] = A[m^2] \times U[m/s] \times \gamma_2[N/m^3]$$

$$\therefore Q_\gamma[N/s] = A[m^2] \times U[m/s] \times \gamma_2[N/m^3]$$

## 02 베르누이 방정식

### 1 정의

유체 흐름에 에너지보존 법칙을 적용시킨 식으로 관내 유체가 정상류이며 층류일 때를 가정하여 에너지 총합은 항상 일정하다는 법칙

(1) 전압 = 정압 + 동압

(2) 전수두 = 압력수두 + 속도수두 + 위치수두

(3) 표현식 : 전수두 $H[mAq] = \dfrac{P}{\gamma} + \dfrac{U^2}{2g} + Z$

전수두 $H = \dfrac{P(압력)}{\gamma(비중량)} + \dfrac{U^2(속도)}{2g(중력가속도)} + Z(높이)$

전수두 $H[mAq] = \dfrac{P[N/m^2]}{\gamma[N/m^3]} + \dfrac{U^2[m^2/s^2]}{2g[m/s^2]} + Z[m]$

(4) 마찰손실을 적용한 경우

전수두 $H[mAq] = \dfrac{P}{\gamma} + \dfrac{U^2}{2g} + Z - h[m]$ (마찰손실수두)

## 03 이상기체 법칙

### 1 보일-샤를의 법칙

(1) 보일 법칙 : 일정온도에서 압력과 부피는 서로 반비례

$P_1 V_1 = P_2 V_2$

$P_1$ : 변하기 전 압력  $P_2$ : 변한 후의 압력
$V_1$ : 변하기 전 부피  $V_2$ : 변한 후의 부피

(2) 샤를 법칙 : 일정압력에서 부피는 절대온도에 서로 비례

$$\frac{V_1}{T_1} = \frac{V_2}{T_2}$$

$T_1$ : 변하기 전 온도   $T_2$ : 변한 후의 온도
$V_1$ : 변하기 전 부피   $V_2$ : 변한 후의 부피

(3) 보일-샤를의 법칙 : 기체의 부피와 압력은 서로 반비례하고 절대온도에 정비례

$$\frac{P_1 V_1}{T_1} = \frac{P_2 V_2}{T_2}$$

## 2 mol수 및 아보가드로의 법칙

(1) mol 정의 : 0도씨 1기압에서 $6.022 \times 10^{23}$개(아보가드로의 수)의 분자 또는 원자가 차지하는 물질의 양으로 무게, 부피 등을 표현할 수 있는 물질의 양 단위. 1mol의 부피는 22.4L이며 질량은 g분자량 혹은 g원자량과 같음. 모든 기체는 0도씨 1기압에서 같은 부피에 같은 수의 분자수를 가짐

※ 연필 1다스와 같은 개념의 양 단위로 생각하면 쉽다.

## 3 이상기체 상태방정식 및 특정기체 상태방정식

(1) 정의 : 보일-샤를, mol의 개념을 포함한 방정식으로 이상적인 기체의 분자량 계산을 위해 만들어진 상태방정식

(2) 표현식 : $P[kPa]\,V[m^3] = \dfrac{W(질량)}{M(분자량)} R[kJ/(kmol K)]\,T[K]$

$P[kPa]\,V[m^3] = n[kmol]\,R[kJ/(kmol K)]\,T[K]$

$PV = nRT$

$R = 8.314[kJ/(kmol K)]$

$R = 0.082[atm \cdot m^3/kmol K]$

### 4 특정기체 상태방정식 및 실제기체 상태방정식

(1) 특정기체 상태방정식 : $PV = nRT$

$$PV = \frac{W(질량)}{M(분자량)} RT \text{ 에서}$$

$$R' = \frac{R}{M}[kJ/(kgK)] \quad 특정기체 \ R' 값은 규정$$

$W = G$ 라 하면

$$PV = GR'T$$

## 04 펌프 및 송풍기 동력

### 1 펌프

(1) 전달동력 : 모터 또는 엔진에 공급되는 동력을 말함

$$[kW] = \frac{1000HQ}{102\eta} K$$

$$[kW] = \frac{1000[kgf/m^3]H[mAq]Q[m^3/\sec]}{102[kgf \cdot m/\sec]\eta} K$$

$$1[kW] = 102[kgf \cdot m/\sec]$$

$H[mAq]$ : 펌프압력
$Q[m^3/\sec]$ : 부피유량
$K$ : 여유율
$\eta$(에타) : 펌프효율

$$[HP] = \frac{1000HQ}{76\eta} K$$

$$[HP] = \frac{1000H[mAq]Q[m^3/\sec]}{76[kgf \cdot m/\sec]\eta} K$$

$$1[HP] = 76[kgf \cdot m/\sec]$$

$$[PS] = \frac{1000HQ}{75\eta}K$$

$$[PS] = \frac{1000H[mAq]Q[m^3/\sec]}{75[kgf \cdot m/\sec]\eta}K$$

$$1[PS] = 75[kgf \cdot m/\sec]$$

(2) 축동력 : 모터 또는 엔진에 의해 실제로 펌프 축에 공급에 주어지는 동력(여유율을 제외한다)

$$[kW] = \frac{1000HQ}{102\eta} \quad [HP] = \frac{1000HQ}{76\eta} \quad [PS] = \frac{1000HQ}{75\eta}$$

(3) 수동력 : 유체로 공급되는 동력(여유율과 펌프효율 모두 제외한다)

$$[kW] = \frac{1000HQ}{102} \quad [HP] = \frac{1000HQ}{76} \quad [PS] = \frac{1000HQ}{75}$$

※ 참고 : 대표적으로 볼류트펌프와 터빈펌프로 구분할 수 있으며 볼류트펌프는 같은 용량에 유량은 많고 양정은 낮으며 터빈펌프는 볼류트와 비교하여 유량이 적고 양정이 높음

## 2 송풍기의 동력

(1) 송풍기 전달동력(송풍기 입력)
모터 또는 엔진에 의해 실제로 송풍기축 공급에 주어지는 동력
(여유율을 제외한다)

$$[kW] = \frac{1000HQ}{102\eta}K = \frac{PQ}{102\eta}K$$

$$[kW] = \frac{1000[kgf/m^3]P[mmAq] \times \frac{1[mAq]}{1000mmAq} Q[m^3/\sec]}{102[kgf \cdot m/\sec]\eta} K$$

$$1[kW] = 102[kgf \cdot m/\sec]$$

$P[mmAq]$ : 송풍기 전압    $Q[m^3/\sec]$ : 부피유량
$K$ : 여유율    $\eta$ : 송풍기 효율

$$[HP] = \frac{PQ}{76\eta}K \quad [PS] = \frac{PQ}{75\eta}K$$

(2) 송풍기 축동력(송풍기 출력)
모터 또는 엔진에 의해 실제로 송풍기축 공급에 주어지는 동력 (여유율을 제외한다)

$$[kW] = \frac{PQ}{102\eta} \quad [HP] = \frac{PQ}{76\eta} \quad [PS] = \frac{PQ}{75\eta}$$

(3) 공기동력
유체로 공급되는 동력으로 실제 펌프축 공급에 주어지는 동력 (여유율과 송풍기 효율 모두 제외한다)

$$[kW] = \frac{PQ}{102} \quad [HP] = \frac{PQ}{76} \quad [PS] = \frac{PQ}{75}$$

※ 송풍기의 종류
　① 원심형 : 익형, 다익형, 터보형, 리미티드 로드형
　② 축류형 : 베인형, 튜브형, 프로펠러형

## 3 벽을 통한 열통과

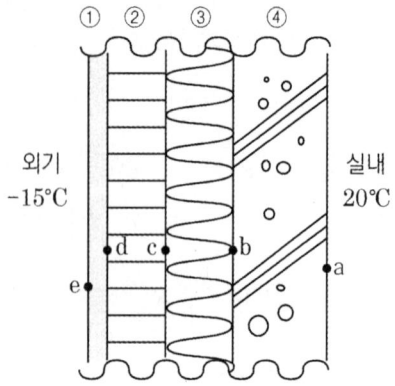

그림과 같은 벽체에 있어서 전체 총 열저항($R_t$)을 생각해보면, 총 열저항은 각 열저항의 합과 같으므로 $R_t = R_o + R_1 + R_2 + R_3 + R_4 + R_i$가 된다.

$$\text{외기열저항(대류열저항) } R_o = \frac{1}{hA}$$

단위면적($1m^2$)당 외기열저항으로 표현하고 h = $\alpha$(기호바꿈)이라 하고 정리하면, $R_o = \frac{1}{hA} = \frac{1}{h \times 1} = \frac{1}{\alpha_o}$ 으로 표현됨(내기대류열저항도 마찬가지로 $R_i = \frac{1}{\alpha_i}$)

$$\text{각 벽체 열저항 } R_{1-4} = \frac{\Delta x}{kA}$$

단위면적($1m^2$)당 열저항으로 표현하고 $\Delta x = L$, $k = \lambda$(기호바꿈)라 하고 정리하면

$$\text{각 벽체 열저항 } R_{1-4} = \frac{\Delta x}{kA} \quad R_t = R_o + R_1 + R_2 + R_3 + R_4 + R_i$$

∴ 단위면적($m^2$) 당 총열저항은

$R_t = \dfrac{1}{\alpha_o} + \dfrac{L_1}{\lambda_1} + \dfrac{L_1}{\lambda_1} + \dfrac{L_2}{\lambda_2} + \dfrac{L_3}{\lambda_3} + \dfrac{L_4}{\lambda_4} + \dfrac{1}{\alpha_i}$ 으로 표현될 수 있음

또한 열관류율 K는 열저항의 역수이므로, $R_t = \dfrac{1}{K}$ 이고, $K = \dfrac{1}{R_t}$ 임

## 05 상사의 법칙

### 1 정의

닮은꼴의 두 펌프가 역학적으로 같은 꼴을 되기 위한 조건을 나타내는 법칙

※ 회전수 =N[rpm] , 유량 = $Q[m^3/s]$ , 양정=H[mAq] , 축동력=kW라고 할 때

| 유량 | $\dfrac{Q_2}{Q_1} = \dfrac{N_2}{N_1}$ | 유량비는 회전수비에 정비례 |
|---|---|---|
| 양정 | $\dfrac{H_2}{H_1} = (\dfrac{N_2}{N_1})^2$ | 양정비는 회전수비 제곱에 비례 |
| 축동력 | $\dfrac{kW_2}{kW_1} = (\dfrac{N_2}{N_1})^3$ | 축동력비는 회전수비 세제곱에 비례 |

※ 펌프 제어에 있어 회전수를 제어하는 것이 효율적이며 보편적인 방법이 될 수 있음

## 06 펌프 유효흡입양정(NPSH)과 필요흡입양정(NPSHre)

### 1 필요흡입양정(NPSH)

펌프가 캐비테이션 현상(공동화현상)을 일으키지 않고 정상작동을 전제로 하는 흡입양정으로 요구되는 양정

※ 필요흡입양정 ≤ 유효흡입양정이어야 정상적인 펌프 작동이 가능

### 2 유효흡입양정(NPSHre)

문제에서 구체적으로 요구하는 해답으로 정상적으로 작동되는 최고위 펌프위치 측 양정을 말함

(1) 펌프가 수면보다 높은 경우
   유효흡입양정
   = 대기압(또는 국소대기압) - 포화수증기압(현재) - 마찰손실 - 펌프높이

(2) 펌프가 수면보다 낮은 경우

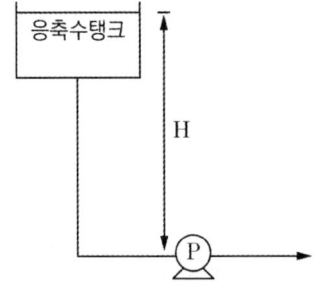

유효흡입양정 = 대기압(또는 국소대기압) - 포화수증기압(현재)
            - 마찰손실 + 펌프높이

※ 기본적으로 양정의 단위는 mAq이다.

## 07 펌프 이상현상과 펌프의 직병렬 접속

### 1 펌프의 이상현상

(1) 캐비테이션 현상(공동화 현상) : 펌프 흡입 측 배관에서 발생할 수 있는 현상으로 상태 온도에 따라 형성된 포화수증기압이 끌어올리려는 물의 압력보다 커질 경우 물은 급격히 증발되고 기포가 형성되어 빈 공간을 만들게 되는 현상으로 진동, 소음을 수반하고 양수불능을 초래

　① 원인

　　㉠ 펌프 1차 측 배관의 마찰손실이 클 때

　　㉡ 펌프가 수원보다 높아 흡입수두가 과대할 때

　　㉢ 물의 온도가 높아 포화수증기압이 클 때

　　㉣ 펌프 1차 측 배관의 유속이 빠를 때

　　㉤ 펌프 임펠러 회전속도가 빠를 때

　② 방지법

　　㉠ 펌프 1차 측 배관의 마찰손실이 적은 배관을 사용

　　㉡ 펌프의 높이를 낮춤

　　㉢ 배관을 보온재 등으로 온도상승을 방지

　　㉣ 펌프 1차 측 배관의 관경을 큰 것으로 하거나 양흡입을 사용

　　㉤ 펌프 임펠러 회전속도를 낮춤

(2) 맥동현상 : 여러 원인으로 펌프 2차 측 송출량이 주기적으로 변화하여 배관의 진동과 소음을 동반하는 현상으로 배관 및 기기의 파손 우려가 있음

　① 원인

　　㉠ 펌프의 산형 양정곡선의 정상 직전 상승부에서 운전 시

　　㉡ 펌프 2차 측 배관 중 공기탱크 또는 공기고임 등 원인이 존재할 때

　　㉢ 유량조절 밸브의 위치가 토출 측과 멀고 중간에 물탱크 등이 있을 때

② 방지법
　㉠ 양수량 또는 임펠레 회전수의 변경
　㉡ 공기고임의 우려가 있는 경우 제거
　㉢ 유량조절밸브를 펌프 2차 토출 측 직후 설치
　㉣ 플렉시블이음, 진동방지 중량기반 등 진동방지 대책을 적극 사용

(3) 수격작용 : 유체의 운동에너지가 관로의 급격한 각도 변화 또는 밸브의 급격한 조작에 따라 부딪히고 매질에 따라 반사되어 돌아와 고 압력원으로 충격을 동반하는 현상으로 배관 및 기기의 파손 우려가 있음

① 원인
　㉠ 관로의 급격한 각도 변화
　㉡ 관로의 급격한 축소
　㉢ 펌프의 급격한 기동, 정지 또는 밸브의 급격한 조작

② 방지법
　㉠ 수격방지기를 발생 우려 위치에 설치
　㉡ 배관의 관경을 크게 하여 유속을 낮춤
　㉢ 밸브는 송출구 가까이 천천히 제어
　㉣ 플라이 휠 등 펌프의 급격한 속도변화를 방지

## 2 펌프의 직병렬 접속

(1) 펌프의 직렬접속 : 동일한 펌프의 직렬접속은 양정(압력)을 두 배로 만들고 유량의 변함은 없다.

(2) 펌프의 병렬접속 : 동일한 펌프의 병렬접속은 유량을 두 배로 만들고 양정(압력)은 변함은 없다.

　※ 건전지의 직병렬 접속과도 기본 개념은 같다. 이는 전기의 흐름을 기계적 원리로 규정하였기 때문이다. 예를 들어 동일 전지의 직렬접속은 전압[V]을 두 배로 되나 전류량[mmA]은 변함이 없고 전지의 병렬접속은 전류량을 두 배로 만드나 전압은 변함이 없음과 같다.

# CHAPTER 04 공기선도

## 01 공기

### 1 공기의 상태변화

(1) 건조공기(Dry Air) : 수증기를 전혀 포함하지 않은 공기

(2) 습공기(Moist Air) : 수증기를 포함한 공기

(3) 포화공기

① 공기는 온도에 따라 포함할 수 있는 수증기량에 한계가 있으며 현재 특정 온도에서 최대한도로 수증기를 포함한 공기는 포화공기라고 함

② 공기 온도 상승 시 포화압력도 비례 상승하여 보다 많은 수증기를 함유할 수 있게 되며 온도가 내려가면 공기가 함유할 수 있는 수증기 한도도 작아짐

(4) 불포화공기

① 최대 포화압력에 도달하지 못한 습공기, 실제의 공기는 대부분의 경우 불포화공기

② 포화공기를 가열하면 불포화공기가 되고, 냉각하면 일시적 과포화공기가 되며 일부 수분은 이슬이 맺혀지고 나머지는 포화공기가 됨

### 2 습공기

(1) 습공기의 상태

습공기는 건공기와 수증기의 혼합기체로서, 공기의 압력을 $P$라고 하면 건공기 분압 $P_a$와 수증기 분압 $P_w$의 합으로 볼 수 있음

$$P = P_a + P_w$$

따라서 건공기 분압은 수증기 분압을 제외한 값이다.

$$P_a = P - P_w$$

공기의 압력을 $P$ 라고 하면
건공기 분압 $P_a$ 와 수증기 분압 $P_w$ 의 합으로 볼 수 있음

$$P = P_a + P_w$$

따라서 건공기 분압은 수증기 분압을 제외한 값

$$P_a = P - P_w$$

공기와 수증기의 특정기체 상태 방정식을 적용하면

$$\frac{P_w V = GRT}{P_a V = G'R'T}$$ 
수증기 특정기체상수 $R = 0.462 kJ/(kgK)$
건공기 특정기체상수 $R' = 0.287 kJ/(kgK)$

체적과 온도는 같으므로 $\dfrac{G}{G'} = \dfrac{R'P_w}{RP_a} = 0.622 \dfrac{P_w}{P - P_w}$ 으로 수증기 분압과 습도 사이 관계를 유도할 수 있음

(2) 절대습도 : 습공기 중에 포함되어 있는 건공기 $1\ kg'$ 에 대한 수증기의 질량을 말하며, 절대습도는 가습·감습 없이 냉각, 가열만으로는 변화가 없음(다만 이슬점에 도달하지 않은 것으로 전제할 때). 수증기는 공기 중 소량이지만 물의 잠열이 크기 때문에 공기의 열적 성질에 크게 영향을 미침

$$x = \frac{\text{수증기 질량}[kg]}{\text{건공기 질량}[kg']}$$

(3) 상대습도 : 기온에 따른 습하고 건조한 정도를 백분율로 나타낸 것으로 현재 불포화공기 수증기 분압을 포화공기 수증기 분압으로 나눈 것 또는 현재 불포화공기 중 수증기의 질량을 현재 온도의 포화 수증기 질량으로 나눈 것

① 상대습도는 포화습공기 상태와 현재 습도의 비 : 관계 습도라고도 불리며 현재 습공기 수증기 분압과 동일온도에서 포화공기의 수증기 분압과의 비로 정의

$$\phi = \frac{\rho_w}{\rho_s} \times 100 = \frac{P_w}{P_s} \times 100$$

$\rho_w$ : 현재 불포화공기 $1m^3$ 중에 함유된 수분의 질량
$\rho_s$ : 포화공기 $1m^3$ 중에 함유된 수분의 질량
$P_w$ : 현재 불포화공기 상태에서 수증기 분압
$P_s$ : 동일온도, 동일압력에 대한 포화공기 수증기 분압

② 비습도(비교습도) 또는 포화도 : 비습도는 현재 절대습도와 포화상태의 절대습도 비

$$\psi = \frac{x}{x_s} \times 100$$

$x$ : 현재 공기의 절대습도$(kg/kg')$
$x_s$ : 동일조건에서 포화습공기의 절대습도$(kg/kg')$

(4) 습공기의 비체적과 비중량

① 비체적 : 건조공기 1kg당 습공기 중의 수증기를 포함한 체적 $[m^3/kg\, dry\, air]$

② 비중량 : 습공기 $1m^3$에 포함되어 있는 수증기의 중량 $[N/m^3]$

## 3 엔탈피

(1) 건공기 엔탈피($h_a$)

$$h_a = C_{pa} t$$

$C_{pa}$ : 건공기 정압비열 ≒ $1.01 kJ/kg$ ≒ $0.24 kcal/(kg℃)$
$t$ : 공기온도

※ 비엔탈피로 표기되는 경우 단위 질량당 엔탈피를 말함. [kJ/kg] 용어에 구분 없이 엔탈피로 표기되나 단위 표현이 [kJ/kg]이라면 비엔탈피

(2) 수증기 엔탈피

수증기는 0℃의 물을 기준으로 하므로 물에서 증기로 변화하는 데에 필요한 증발 잠열을 온도만큼의 수증기 정압비열을 계산한 열에 더할 것

$$h_{wa} = \gamma_0 + C_{pw}t$$

$\gamma_0$ : 0℃ 물의 증발잠열 ≒ $2501 kJ/kg$ ≒ $597.5 kcal/kg$

$C_{pw}$ : 수증기 정압비열 ≒ $1.82 kJ/(kgK)$ ≒ $0.441 kcal/(kg \cdot ℃)$

※ 증발된 경로에 따라 100℃ 수증기의 엔탈피가 다름

① 0℃ 물 ▷ 0℃ 수증기 ▷ 100℃ 수증기(자연적인)
   2501[kJ/kg] + 1.85[kJ/(kgK)] · 100[k] = 2686[kJ/kg]

② 0℃ 물 ▷ 100℃ 물 ▷ 100℃ 수증기(기계적인)
   4.19[kJ/(kgK)] · 100[k] + 2257[kJ/kg] = 2676[kJ/kg]

(3) 따라서 건공기와 수증기가 합쳐진 습공기의 비엔탈피는

$$h = h_a + x h_{wa} \qquad x : 절대습도$$

습공기의 정압비열은 $C_p = C_{pa} + x C_{pw} = 1.01 + 1.81x [kJ/(kgK)]$

∴ 습공기의 비엔탈피는

h = 1.01t + $x$(2501+1.81$x$)[$kJ/kg$ Dry Air]

# 02 선도

## 1 공기선도

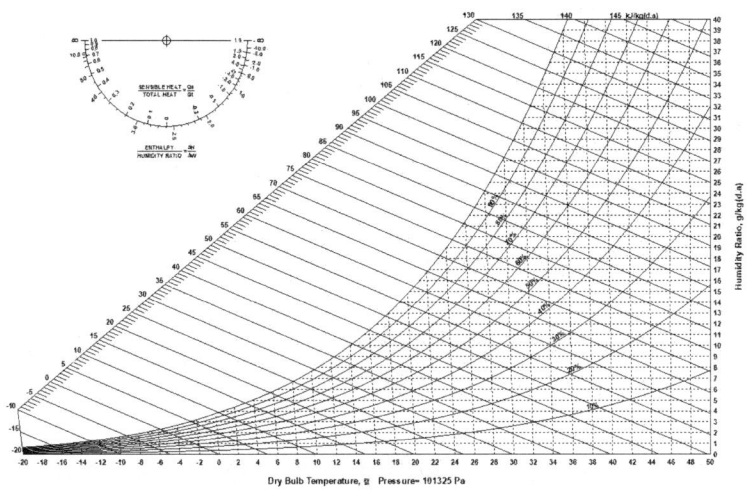

공기는 크게 건공기와 수중기의 혼합물로 두 성분의 독립적 상태변수를 가지고 있다. 이를 선도에 의해 상태량을 한 번에 나타내어 이해하려는 것이 공기선도이다. 선도는 대기압이 일정할 때 습윤공기의 상태량인 건구온도 t, 습구온도 t', 상대습도 $\varphi$, 포화도 $\psi$, 이슬점온도 t", 엔탈피 h, 절대습도 x 등의 상호관계를 좌표평면에 나타내게 된다. 이 중 기준 축을 결정하고 두 좌표에 잡는 상태량에 따라서, 공기선도에는 절대습도 x와 비엔탈피 h를 사교좌표로 표현하는 h-x, 절대습도 x 와 건구온도 t를 좌표로 표현한 t-x 선도, 그리고 건구온도 t 와 비엔탈피 h를 직교좌표에 표현한 t-h 등이 있으나 시험에서 그리고 가장 보편적으로 사용되는 좌표는 h-x 공기선도로 볼 수 있다.

## 2 공기선도상 공기 상태 변화

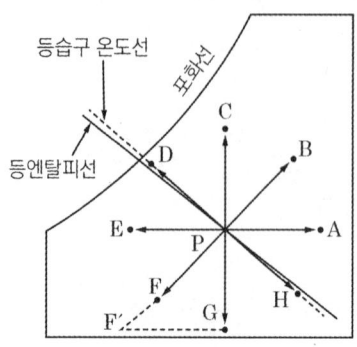

$\overrightarrow{PA}$ : 가열 변화
$\overrightarrow{PB}$ : 가열 가습 변화
$\overrightarrow{PB}$ : 등온 가습 변화
$\overrightarrow{PD}$ : 가습 냉각 변화(단열 가습)
$\overrightarrow{PE}$ : 냉각 변화
$\overrightarrow{PF}$ : 감습 냉각 변화
$\overrightarrow{PG}$ : 등온 감습 변화
$\overrightarrow{PH}$ : 가열 감습 변화

(1) 냉각·감습과 바이패스 팩터

① ① → ③의 상태로 냉각하는 경우 냉각 코일의 노점 온도는 선분 ①-③의 연장선에서 포화곡선과 만나는 점 ②가 노점 온도가 되고, 여기서 BF(By-Pass Factor)는 ③에서 ②의 상태이고 CF(Contact Factor)는 ①에서 ③의 상태

※ 바이패스 팩터는 열전달 없이 냉각되지 않고 통과하는 공기의 비율

가. $BF = \dfrac{t_3 - t_2}{t_1 - t_2} = \dfrac{h_3 - h_2}{h_1 - h_2} = \dfrac{x_3 - x_2}{x_1 - x_2}$

나. $CF = \dfrac{t_1 - t_3}{t_1 - t_2}$

다. 바이패스팩터($BF$)
= 1 - 콘택트팩터
= 1 - $CF$

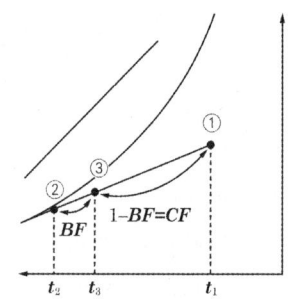

(2) 등온가습

① 수분량

$$L = G(x_2 - x_1)[kg/h] \qquad G : [kg/h]$$

② 잠열량

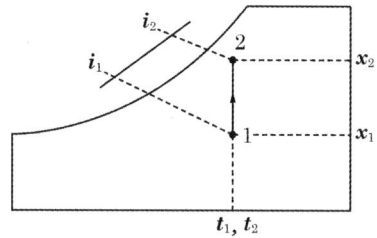

$q = G(i_2 - i_1)$

$q = Q\rho\gamma(i_2 - i_1)$

$= Q \times 1.2 \times 2501(x_2 - x_1)[kJ/h]$

$L$ : 가습량[kg/h]
$G$ : 공기량[kg/h]
$Q$ : 풍량[m³/h]
$x$ : 절대습도[kg/kg']
$\rho$ : 공기밀도[kg/m³]
$\gamma$ : 물의증발잠열[kJ/kg]

공조에서의 가습은 에어와셔에서 분무수가 증발 가습이 되는 냉각가습과 증기가습이 대표적이다. 에어와셔에서 분무수를 가열하지 않고 계속 분무할 경우 분무수의 온도는 입구온도의 습구온도와 같아지고 통과공기는 등습구 온도선을 따라 가습되는 단열변화가 일어난다. 따라서 위 가습은 가습량 기화잠열만큼 가열을 제공하여 건구온도가 일정하게 유지하는 등온 가습의 형태이다. 실질적으로 에어와셔를 기준으로 하는 경우 등, 습구선을 따른다.

(3) 가습(에어와셔)

① CF(Contact Factor) 단열 포화효율과 BF

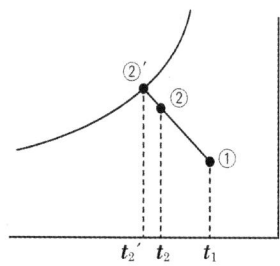

$\eta_s = \dfrac{t_1 - t_2}{t_1 - t_2'}$

$BF = \dfrac{t_2 - t_2'}{t_1 - t_2'}$

② 수공기비와 가습효율

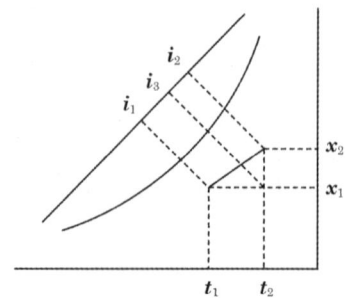

㉠
$$수공기비 = \frac{수량}{공기량} = \frac{L[kg/h]}{\rho[kg/m^3] \times Q[m^3/h]}$$

㉡
$$가습효율 \; \eta_s = \frac{증발수량}{분무수량}$$

(4) 가열·가습

① 가열 열량계산

$$q_s = GC_p(t_2 - t_1) = G(h_3 - h_1)[kJ/h]$$

G = 풍량 Q[m³/h] × 공기밀도 ρ[kg/m³]
$C_p$ : 비열 1.01[kJ/(kg·K)]

② (가습)잠열량

$$q_l = RL = GR(x_2 - x_1)$$

L : 가습량[kg/h]
R : 물의 증발잠열[kJ/kg]
  (0℃ 물의 증발잠열 : 2500.9kJ/kg)

③ 총 열량

$$q_t = q_s + q_l = G(i_2 - i_1)$$

④ 열수분비u는 절대습도의 변화량에 대한 엔탈피 변화량

$$열수분비\ u = \frac{i_2 - i_1}{x_2 - x_1} = \frac{\Delta i}{\Delta x} = \frac{엔탈피의\ 변화량}{절대습도의\ 변화량}$$

$i_1$ : 상태 2인 공기의 엔탈피 $[kcal/kg]$
$i_2$ : 상태 3인 공기의 엔탈피 $[kcal/kg]$
$x_1$ : 상태 1인 공기의 절대습도 $[kg/kg']$
$x_2$ : 상태 2인 공기의 절대습도 $[kg/kg']$

⑤ 현열비[SHF ; Sensible Heat Ratio] : 현열비는 전체 열량의 변화 중 현열량의 변화분을 비율로 나타낸 것

$$SHF = \frac{i_3 - i_1}{i_2 - i_1} = \frac{\Delta i_t}{\Delta i} = \frac{현열의\ 엔탈피\ 변화량}{전열의\ 엔탈피\ 변화량}$$

냉방부하 계산 단계에서 현열과 잠열로 소비된 열량은 구분하기 위해 산정하는 것으로,

$SHF = \dfrac{q_s}{q_s + q_L}$ 으로 표현할 수 있음 ($q_s$ : 현열량, $q_L$ : 잠열량)

※ 참조 : 열수분비는 주로 분무 가습하게 되는 난방에서 사용되며, 현열비는 주로 냉방부하 계산 시 사용하게 됨

(5) 단열 혼합 : 실내환기(리턴량)를 ① = Q₁, 외기풍량을 ② = Q₂라고 한다면 혼합공기 ③의 건구온도t, 절대습도x 및 엔탈피i는 다음과 같음 (산술평균으로 볼 수 있다)

$$t_3 = \frac{t_1 Q_1 + t_2 Q_2}{Q_1 + Q_2} \quad x_3 = \frac{x_1 Q_1 + x_2 Q_2}{Q_1 + Q_2} \quad i_3 = \frac{i_1 Q_1 + i_2 Q_2}{Q_1 + Q_2}$$

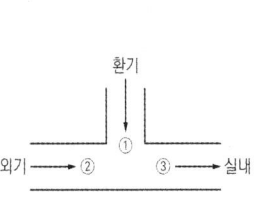
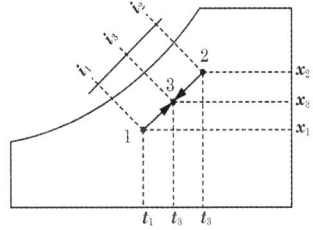

# CHAPTER 05 공기조화

## 01 냉방부하

- 냉방부하에는 실내조건과 외기조건이 필요하다.
- $q_{cc}$ = 실내 취득열량 + 외기부하 + 재열부하 + 기기 취득열량[kJ/h]

### 1 냉방부하 계산

실내 냉방부하 계산을 위한 조건에는 벽체, 유리, 극간풍, 인체, 기구 등 취득열량(잠열과 관계되는 취득에는 극간풍, 인체부하가 있다)

(1) 외벽, 지붕에서의 태양복사 및 전도에 의한 부하[kJ/h]

$$면적[m^2] \times 열관류율[kJ/m^2hK] \times 상당 온도차[K]$$

※ 상당온도차 : 일사를 받는 외벽체를 통과하는 열량을 산출하기 위해 실내·외 온도차에 축열계수를 곱하여 반영한 온도차를 말한다.

(2) 유리로 침입하는 열량

① 복사열량(일사량)
면적[$m^2$] × 최대 일사량[$kJ/m^2h$] × 차폐계수

② 전도대류열량
창 면적당 전도대류열량[$kJ/m^2h$] × 면적[$m^2$]

③ 관류열량
면적[$m^2$] × 유리 열관류율[$kJ/(m^2hK)$] × 실내외 온도차[K]

(3) 틈새바람에 의한 열량(극간풍)

① 현열(감열) = 풍량[$m^3/h$] × 밀도[$1.2kg/m^3$]
 × 비열 $1.01[kJ/(kgK)]$ × 실내외 온도차[K]

② 잠열 = 풍량[m³/h] × 밀도1.2[kg/m³] × 잠열2501[kJ/kg] × 실내외 절대습도차[kg/kg']

(4) 송풍량 계산

$$q_s[kJ/h] = \rho QC\Delta t$$
$$q_s = 1.2Q \times 1.01 \times \Delta t$$

$Q$ : 환기량[m³/h]
$q_s$ : 현열량

(5) 인체에서 발생하는 열량

① 현열 = 재실인원수 × 1인당 발생현열량[kJ/h]
② 잠열 = 재실인원수 × 1인당 발생잠열량[kJ/h]

(6) 기계열부하 전동기

① 전동기입력($kVA$)
= 전동기 정격출력($kW$) × 부하율 × $\frac{1}{전동기 효율}$
② 전동기(실내운전)[$kcal/h$]
= 전동기 입력[$kVA$] × 860$kcal/h$[3600$kJ/h$]
③ 백열등 발열량 = $W$ × 전등수 × 0.86$kcal/h$(3.6$kJ/h$)
④ 형광등 발열량 = $W$ × 전등수 × 1.25 × 0.86$kcal/h$(3.6$kJ/h$)

(7) 기기열 부하
팬(Fan), 배관, 덕트, 댐퍼 등에 의해 생기며 실내취득 부하의 10 ~ 20% 사이에서 산정

(8) 재열부하
습도가 높은 경우 공기 중 수분제거를 위해 취출온도 이하 냉각된 공기를 취출온도로 가열할 때 부하(취출온도차가 큰 경우 콜드레프트 현상으로 확산의 어려움이 있고 취출온도차가 없는 경우 송풍부하가 커지는 단점이 있다)

(9) 외기부하 : 실내 환기 또는 기계환기의 필요에 따라 외기를 도입하여 실내공기의 온·습도에 따라

조정현열
$q_s = GC(t_o - t_i)[kJ/h]$
잠열
$q_L = GR(x_o - x_i)[kJ/h]$
$G = \rho Q_o$

$\rho$ : 공기밀도[kg/m³]
$Q_o$ : 외기도입량[m³/h]
$G$ : 외기도입 공기 질량[kg/h]
$C_p$ : 공기 비열[kJ/kg·K]
$R$ : 0℃ 물의 증발잠열 2501[kJ/kg]
$t_o, t_i$ : 실내외 공기의 건구온도℃
$x_o, x_i$ : 실내외 공기의 절대습도[kg/kg′]

## 02 난방부하

### 1 방열기

증기, 온수 등의 열매를 사용하여 실내 공기로 열을 방출하는 난방기기이며, 주로 대류난방에 사용되는 직접난방법

(1) 방열기 표준방열량

① 증기 : 756k[W/m²](증기온도 102도, 실내온도 18.5도 기준)

② 온수 : 523k[W/m²](온수온도 80도, 실내온도 18.5도 기준)

(2) 난방부하 계산

$$Q[W] = q[W/m^2] \times EDR[m^2]$$

$Q$ : 난방부하[W], $q$ : 표준방열량[W/m²], $EDR$ : 상당방열면적[m²]

(3) 방열면적계산

$$방열면적 = \frac{난방부하}{방열기 방열량} \Rightarrow A = \frac{Q}{q}$$

$Q$ : 난방부하[kJ/h], $q$ : 방열기 방열량[kJ/m²h], $A$ : 방열면적[m²]

(4) 방열기 호칭법

① 주형 : (종별-높이×쪽수)

② 벽걸이 : (종별-형×쪽수)

| 종별 | 기호 |
|---|---|
| 2주형 | II |
| 3주형 | III |
| 3세주형 | 3 |
| 5세주형 | 5 |
| 벽걸이형(수직) | W-V |
| 벽걸이형(수평) | W-H |

## 2 방열량 계산

(1) 표준 방열량

① 증기 : 열매온도 102℃(증기압 1.1atm), 실내온도 18.5℃일 때의 단위 평방당 방열량

$$Q = K(t_s - t_r) = 33.5 \times (102 - 18.5) = 2790 [kJ/m^2 h]$$

$K$ : 방열계수(증기 : 33.5[kJ/m²hK, 온수 : 30.15kJ/m²hK)
$t_s$ : 증기온도(℃), $t_r$ : 실내온도(℃)

② 온수 : 열매온도 80 ℃, 실내온도 18.5 ℃일 때의 방열량

$$Q = K(t_w - t_r) = 30.15(80 - 18.5) = 1860 kJ/m^2 h$$

$K$ : 방열계수, $t_w$ : 열매온도(℃), $t_r$ : 실내온도(℃)

(2) 벽체 전열손실 부하 : 구조체에 의한 열손실, 즉 벽, 지붕, 천장, 바닥, 유리창, 문 등

$$q[W] = \text{열관류율}K[kJ/(m^2hK)] \times \text{면적}A[m^2]$$
$$\times \text{실내외 온도차 } \Delta T[K] \times \text{방위계수}k$$
$$q = KA\Delta T[K]$$

※ 벽면의 일사로 인한 축열작용으로 실제온도차와 달리 벽체 상당온도차가 고려되는데 문제에서 주어지는 경우 이를 적용하여야 하며, 그 외 구성물에 대하여는 주어지는 경우에만 계산

※ W(와트)와 kJ/h의 단위 환산에 주의

(3) 외기부하 및 극간풍 (틈새바람)에 의한 열손실

① 외기부하 : 재실인원 또는 기계실에 필요한 환기에 의한 열손실 등 외기부하 $q$, 외기현열부하 $q_S$, 외기잠열부하 $q_L$, 도입풍량 $Q$라고 하면, 건공기 정압비열 $C$, 증발잠열 $R$

$$q = q_S + q_L$$
$$q_S = Q\rho C \Delta T$$
$$q_L = Q\rho R \Delta x$$
$$\therefore q = Q\rho \Delta T + Q\rho R \Delta x = Q\rho \Delta h$$

(4) 가습부하

가습량 : 실내 습도를 일정하게 유지하고자 하는 가습량

$$\text{가습량}\, G[kg/h] = \rho Q(\text{틈새바람 및 외기도입량})\, \Delta x(\text{실내외 절대습도차})$$
$$\text{가습부하}[W] = G \cdot 2686[kJ/kg]$$

※ 가습부하

0℃ 물 증기 엔탈피 2501[kJ/kg] + 수증기 정압비열 2501[kJ/kg] + 수증기 온도당 정압비열 1.85[kJ/(kgK)] × 100K = 2686[kJ/kg]

## 03 공기조화 계획

### 1 공기조화 장치

(1) 열운반장치 : 송풍기, 펌프, 덕트, 배관 등
(2) 공기조화기 : 공기여과기, 공기냉각기, 공기가열기 등
(3) 열원장치 : 보일러, 냉동기, 냉각탑 등
(4) 자동제어장치 : 공조장치 운전 시 경제적 운전을 위한 각종 자동으로 제어되는 장치

※ 에너지 절약 방법으로 건물의 구역설정(Zonning)을 합리적으로 설계되어야 하며, 자동 제어를 이용한 방법으로 변풍량 및 시간에 따른 외기냉방, 기기를 이용한 전열교환기기, 히트펌프의 이용 방법이 있다.

### 2 공기조화식의 분류

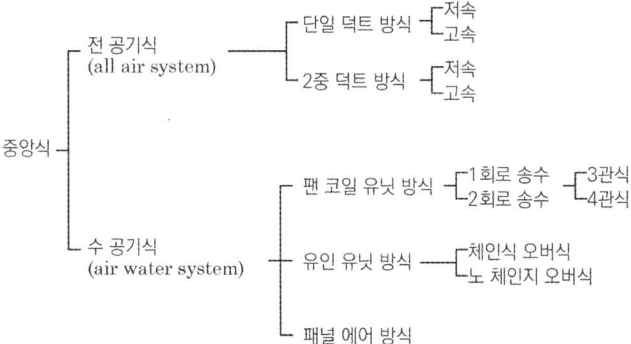

(1) 전공기식
   ① 단일 덕트방식 ; 정풍량, 변풍량 방식으로 세분화됨
   ② 전공기식은 공기질 유지(청정도)에서 유리
(2) 패키지 방식 ; 공기, 물 이외 냉매를 사용하는 방식

## 3 열교환

넓은 의미에서는 공기냉각코일, 가열코일을 비롯하여 냉동기의 증발기, 응축기 등도 포함되지만, 공조기에서는 증기와 물, 물과 물, 공기와 공기의 것을 말함

(1) 냉각코일
  ① 냉각코일의 종류
    ㉠ 냉수코일 : 관내에 냉수(5 ~ 10℃)를 통하는 코일
    ㉡ 직접 팽창코일 : 관내에 냉매를 직접 팽창시켜 그 증발열로 공기를 냉각하는 코일
  ② 냉수코일의 열 교환
    ㉠ 계산은 대수평균온도차나 산술평균으로 구함
    ㉡ 공기와 물의 흐름은 대향류로 하고 대수 평균온도차(LMTD)는 되도록 크게 함

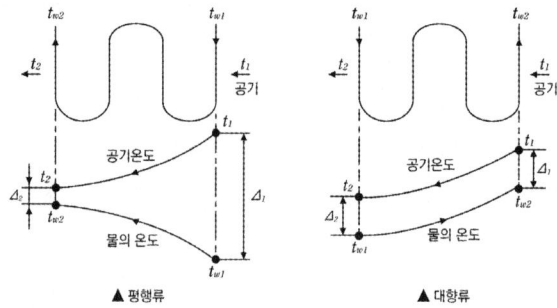

▲ 평행류    ▲ 대향류

$$LMTD = \frac{\Delta_1 - \Delta_2}{2.3\log\frac{\Delta_1}{\Delta_2}} = \frac{\Delta_1 - \Delta_2}{\ln\frac{\Delta_1}{\Delta_2}} = \frac{(t_1 - t_{w1}) - (t_2 - t_{w2})}{\ln\frac{t_1 - t_{w1}}{t_2 - t_{w2}}}$$

$$= \frac{(고온 입구 - 저온 입구) - (고온 출구 - 저온 출구)}{\ln\frac{고온 입구 - 저온 입구}{고온 출구 - 저온 출구}}$$

$\Delta 1$ : 공기 입구 측에서의 온도차(℃ 또는 K)
$\Delta 2$ : 공기 출구 측에서의 온도차(℃ 또는 K)

ⓒ 평행류(향류) : $\Delta t_1 = t_1 - t_{w1}$, $\Delta t_2 = t_2 - t_{w2}$

ⓔ 대향류(역류) : $\Delta t_1 = t_1 - t_{w2}$, $\Delta t_2 = t_2 - t_{w1}$

ⓜ $t_2 - t_{w1}$을 5℃ 이상, 코일의 열수는 4~8열, 유속은 2~3m/s, 수속은 1m/s 전후

ⓗ 냉수코일의 전열량

$$q = G(i_1 - i_2) = G_w C_w \Delta t = k \times LMTD \times F \times N \times C_m$$

$N$ : 코일의 열수     $F$ : 코일열 전열면적
$C_w$ : 냉각수비열[kJ/(kgK)]
$C_m$ : 습면계수(냉각코일 공기 접촉면의 이슬 형성 시 효율 보정)
$q$ : 전열량[W]     $k$ : 코일의 열관류율[kJ/(m²hK)]
$i_1, i_2$ : 공기엔탈피[kJ/kg]   $G_w$ : 냉수량[kg/h]
$\Delta t$ : 냉수 입구와 출구의 온도차(℃ 또는 K)
$G$ : 송풍량[kg/h]     $LMTD$ : 대수평균온도차

③ 가열 코일의 종류

㉠ 온수코일 : 관 내에 온수(40~60℃)를 통과시켜 공기를 가열 (냉·온수코일)

㉡ 증기코일 : 증기의 응축잠열(100℃의 응축잠열 539kcal/kg)을 이용하여 공기 가열

㉢ 전열코일 : 코일 내 니크롬선을 내장하여 공기 가열

# CHAPTER 06 공기조화기기

## 01 냉열원기기

### 1 보일러

(1) 보일러의 종류

① 주철제 보일러
내식성, 내구성이 우수하고 유지보수가 편리하며 설치가 용이

② 입형 보일러
소형이며 수직형(입형)으로 협소한 장소에 설치가 용이

③ 노통연관 보일러
고압, 고효율로 산업용이나 내구성이 나쁘고 고가이며, 취급 시 예열시간이 길어 어려움. 그러나 부하변동 적응성이 있음

④ 수관식 보일러
다수의 수관으로 벽을 구성하고 헤더가 존재, 산업용 대규모로 증기 발생이 매우 빠르고 열효율이 좋으며, 보유수량이 적음

(2) 난방도일
추운 날씨의 정도로 난방연료 소비량과 비례. 실내 설정온도와 일일 평균기온과 온도차를 기간 내 합한 개념으로 냉방의 경우 냉방도일이 있음

### 2 냉동기

(1) 압축식 냉동기

① 압축식 냉동기의 종류
회전식(로터리, 스크류식), 원심식, 왕복동식

② 운전 순환과정

압축 → 응축 → 팽창 → 증발 → 압축으로

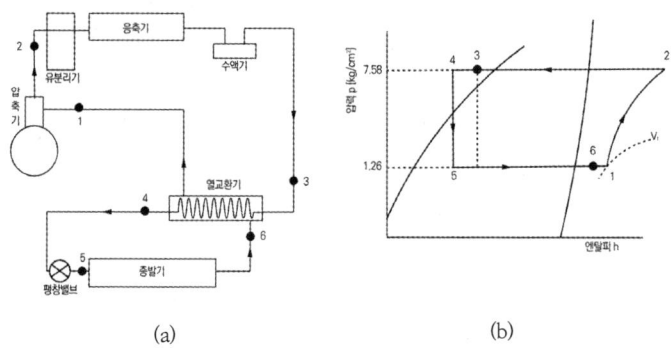

(a)　　　　　　　　(b)

③ 특징

　㉠ 장점 : 운전 용이, 초기 설치비 저렴

　㉡ 단점 : 소음이 크며 전력소비가 큼

　※ 냉각탑 : 물을 공기와 접촉시켜 냉각하는 장치로 1kg의 물이 증발하면 자체 순환수 열량을 약 2513kJ 정도 흡수. 즉 물 순환량의 2%를 증발시키면 자체 온도를 1℃ 내릴 수 있음

　　• 쿨링 어프로치 : 냉각수 출구온도 − 대기 습구온도

　　• 쿨링 레인지 : 냉각수 입구온도 − 출구온도

　　• 냉각톤 : 냉각탑의 입구수온 37℃, 출구수온 32℃, 대기 습구온도 27℃, 순환수량 13L/min일 때 16330kJ/h의 방열량

(2) 흡수식 냉동기

① 운전 순환과정

증발 → 흡수 → 발생 → 응축 → 증발로

② 특징

　㉠ 장점 : 소비전력이 적으며, 소음이 적음

　㉡ 단점 : 보일러가 필요함

※ 흡수식 냉동장치 구조
- 구성 : 흡수 냉온수기는 냉동작용을 일으키는 증발기, 압축기의 흡입작용과 같이 냉매를 흡입, 흡수하는 흡수기, 압축기의 압축작용과 같이 냉매증기를 압축, 발생하는 고온재생기 및 저온재생기, 냉매를 응축하는 응축기 등의 기본 열교환기 외에 열효율을 향상시키기 위한 용액 열교환기, 용액 순환 및 냉매 순환을 위한 용액 및 냉매펌프, 기내 진공유지를 위한 추기장치, 열원공급을 위한 연소장치, 용량제어장치 및 안전장치 등의 요소로 구성되어 있음
- 2중 효용 흡수식 냉동장치 : 고온 발생기(재생기)와 저온 발생기(재생기), 즉 두 개의 재생기를 둠

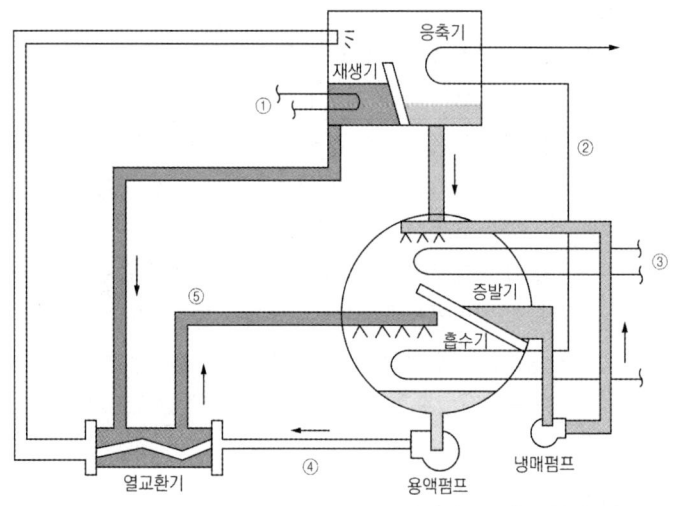

| 구분 | ① | ② | ③ | ④ | ⑤ |
|---|---|---|---|---|---|
| 유체명 | 증기 | 냉각수 | 냉수 | 혼합용액 | 흡수용액 |

| 유체명 | 설명 |
|---|---|
| 증기 | 재생기에서 가열원으로 이용되는 열매로서 증기나 고온수를 사용한다. |
| 냉각수 | 응축기와 흡수기를 냉각시켜주는 냉각수이다. |
| 냉수 | 증발기의 증발잠열을 이용하여 냉수를 얻는다. |
| 희석용액 | 증발기에서 증발한 냉매를 흡수액이 흡수하여 묽은 용액(희석용액)상태로 열교환기를 거쳐 재생기로 공급된다. |
| 농축용액 | 재생기에서 냉매를 증발시킨 진한 흡수용액(농축용액)으로 고온상태이므로 저온의 희석용액과 열교환하여 흡수기로 공급된다. |

(3) 빙축열 시스템

① 특징

㉠ 장점 : 심야전력을 이용하여 경제적이며, 공조기기 중 냉열원설비의 용량을 줄일 수 있음. 냉원 공급이 안정적(보조)역할 및 간헐 운전에 적합

㉡ 단점 : 빙축열의 보온 등 취급이 까다로움

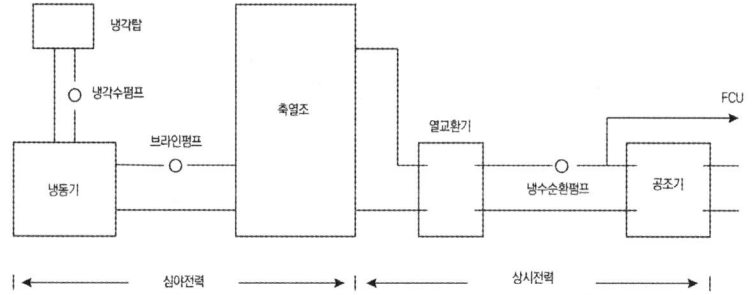

모아바 www.moa-ba.com
모아소방전기학원 www.moate.co.kr

# 02

건축설비(산업)기사
엑기스 요약집

PART

# 위생설비 및 덕트배관

# CHAPTER 01 급수 급탕설비

## 01 급수설비

### 1 급수량과 급수량 계산

(1) 급수량

① 평균 사용 수량을 기준으로 하면 여름에는 20% 증가하고 겨울에는 20% 감소, 도시의 1인당 평균 사용수량 = 거주 인명수 × (200 ~ 400) L/cd

② 시간당 평균 예상 급수량 $Q_h = \dfrac{Q_d}{T}[L/h]$는 1일의 총 급수량 $Q_d[L/d]$을 건물의 사용시간 T[h]로 나눈 값

③ 시간당 최대 예상 급수량 $Q_m = (1.5 \sim 2)Q_h[L/h]$(조건에 의한다).

순간 최대 예상 급수량 $Q_p = \dfrac{(3 \sim 4)Q_h}{60}[L/\min]$

(단위가 바뀔 수 있음에 주의)

(2) 급수량 계산

① 건물 사용 인원에 의한 산정 방법

$Q_d = qN$

$Q_d$ : 그 건물의 1일 사용수량[L/d]
$q$ : 건물별 1인 1일당 급수량[L/(dN)]
$N$ : 급수 대상인원

$Q_d[l/day]$ = 인원 × 1일 평균 사용수량

시간평균급수량 $Q_h[l/h] = \dfrac{Q_d[l/day]}{1일 \, 평균 \, 사용시간[h/day]}$

시간최대급수량 $Q_m[l/h] = (1.5 \sim 2)Q_h[l/h]$

순간최대급수량 $Q_p[l/\min] = \dfrac{(3 \sim 4)Q_h[l/h]}{60[\min/h]}$

(3) 위생기구 급수부하단위로 순간 최대유량산정

위생기구의 급수부하단위표를 이용 설치 예정 기구 급수부하단위 총합을 구하여 동시사용유량 = 순간 최대유량을 산정하는 방법

① 건물 면적에 의한 산정 방법

$Q_d = AKNq = qN[L/d]$

$A' = A\dfrac{K}{100}$

$N = A' \times a$

$A'$ : 건물의 유효면적$[m^2]$
$a$ : 유효면적당 인원$[인/m^2]$
$A$ : 건물의 연면적$[m^2]$
$N$ : 인원
$K$ : 건물의 연면적에 대한 유효면적 비율
$q$ : 건물 종류별 1일 1인당 급수량$[L/인 \cdot d]$

② 사용기구에 의한 산정 방법

$Q_d = Q_f FP[L/d]$

$Q_m = \dfrac{Q_d}{h}m\ [L/d]$

$Q_d$ : 1인당 급수량$[L/d]$, $F$ : 기구 수[개]
$Q_f$ : 기구의 사용수량$[L/d]$, $P$ : 동시사용률
$Q_m$ : 시간당 최대급수량$[L/h]$
$m$ : 계수[1.5 ~ 2], $h$ : 사용시간

③ 유속과 필요압력

㉠ 급수관 내 유속은 통상 2m/s 이하로 설계

㉡ 급수를 위한 급수펌프의 양정은 급수기구까지 정압수두(양정) + 마찰손실수두(배관 및 부속) + 급수기구 최저 필요압력으로 구성. 이는 급수 펌프의 양정과 같으므로, 급수가압펌프의 총양정 H[mAq]는

$$H \geq h_1 + h_2 + \dfrac{u^2}{2g}$$

ⓒ 고가수조 급수 시 배관 단위길이 당 허용 마찰손실수두R

$R[mAq/m] = \dfrac{H_1 - h_2}{l + l'}$

$H_1$ : 기구에서 고가수조까지 높이(실양정)
$h_2$ : 기구 필요 최소압력 수두
　　　(또는 토출압력수두)
$l$ : 고가수조에서 가장 먼 배관 끝거리
$l'$ : 국부(부속)저항 상당길이

ⓔ 그러므로 고가수조 토출압력수두 $h_2[mAq]$ 는

$$h_2[mAq] = H_1 - R(l + l')$$

## 2 급수설비에 의한 분류
: 직결식 급수법, 옥상탱크식 급수법, 압력탱크식 급수법

(1) 직결식 급수법 : 우물직결식, 수도직결식
　① 대규모 건물에서는 급수가 곤란
　② 설비비 경제적
　③ 급수순서 (상수도 → 저수조 → 펌프 → 위생기구)

(2) 옥상탱크식(급수법 : 옥상탱크, 고가수조)
　① 고층 및 대규모 빌딩에 급수 가능
　② 단수 시 탱크 내 보유 수량이 있어서 급수에 지장이 작음
　③ 공급 수압이 항상 일정
　④ 고가수조의 용량 기준은 순간 최대 급수량

(3) 압력탱크식 급수법 : 옥상 등 고가탱크의 설치가 불가능할 경우 밀폐된 탱크를 설치하여 물을 압입시킴으로써 탱크 내의 공기가 압축되어 이 압축공기에 의해 급수
　① 고양정의 펌프가 필요
　② 급수 압력이 불균일
　③ 탱크 내 저수량이 적어 정전 시 단수의 우려가 큼

④ 기밀성 및 고압에 견뎌야 하므로 제작비가 비쌈

⑤ 취급이 곤란하고 고장이 많음

※ 압력탱크 필요기기
: 압력계, 수면계, 안전밸브, 배수밸브, 압력스위치 등

## 3 급수 배관

(1) 배관의 구배 : 1/250 끝올림 구배(단, 옥상 탱크식에서 수평주관은 내림 구배, 각 층의 수평지관은 올림 구배)

(2) 수격작용 : 세정밸브나 급속개폐식 수전 사용 시 유속의 불규칙한 변화로 유속을 m/s로 표시한 값의 14배 이상의 압력과 소음을 동반하는 현상

(3) 급수관이 매설 깊이

① 보통 평지 : 450mm 이상

② 차량 통로 : 750mm 이상

③ 중차량 통로, 냉한 지대 : 1m 이상

(4) 급수배관 시험압력

① 급수배관 : 1.75Mpa/60분[건설기계설비 표준시방서 04010 3.8]

② 취수배관 : 0.5Mpa 이상/60분[KSC(국가건설기준) 57 30 35]

## 4 급수 펌프 설치

(1) 펌프와 모터 축심을 일직선으로 맞추고 설치 위치는 되도록 낮출 것

(2) 흡입관의 수평부 : 1/50 ~ 1/100의 끝올림 구배를 주며, 관지름을 바꿀 때는 편심 이음쇠를 사용(유속저항을 줄이기 위해)

(3) 풋(후트) 밸브 : 동수위면에서 관지름의 2배 이상 물속에 장치

(4) 토출관 : 펌프 출구에서 1m 이상 위로 올려 수평관에 접속하며 토출양정이 18m 이상이 될 때는 펌프의 토출구와 토출 밸브 사이에 체크 밸브를 설치

## 02 급탕설비

### 1 급탕설비

급탕을 필요로 하는 개소에는 세면기, 욕조, 샤워, 요리 싱크대 등이 있고, 특히 호텔이나 병원 등에서도 급탕설비는 반드시 되어 있다. 온수의 온도는 용도별로 차이가 있지만 보통 70 ~ 80℃의 온수를 공급하여 사용 장소에서 냉수를 혼합해 적당한 온도로 용도에 맞게 사용

※ 서모스탯(자동온도조절기) : 저탕식 급탕설비에서 급탕의 온도를 일정하게 유지시키기 위해 가스나 전기를 공급 또는 정지하는 것

(1) 급탕방법
  ① 개별식 급탕법 : 가스나 전기, 증기 등을 열원으로 하여 욕실이나 싱크대, 세면기 등 더운 물이 필요한 곳에 탕비기를 설치하여 짧은 배관시설에 의해 기구급탕 전에 연결하여 사용하는 간단한 방법
    ㉠ 장점
      • 배관길이가 짧아서 열손실이 적음
      • 급탕개소가 적을 때는 설비비가 저렴
      • 소규모 설비에 급탕이 용이
      • 필요한 장소에 간단하게 설비가 가능
  ② 중앙식 급탕법
    건물의 지하실 등 일정한 장소에 탕비 장치를 설치하여 배관으로 사용처에 급탕하며 열원은 증기, 석탄, 중유 등이 있음
    ㉠ 직접가열식
      • 보일러에서 가열된 온수를 배관을 통해 직접 세대로 공급하는 방식
      • 보일러 내면에 스케일이 많이 생김
      • 보일러 신축이 불균일
      • 열효율면에서 경제적

- 건물 높이에 상당하는 수압이 보일러에 가해지기 때문에 고압용 용수를 사용하는 보일러가 필요
- 급탕용 보일러, 난방용 보일러를 각각 설치
- 중·소규모 설비에 적합

ⓒ 간접가열식
- 보일러 내의 고온수나 증기를 저탕조의 가열코일을 통과시켜 물을 간접적으로 가열하여 공급하는 방식
- 보일러 내면에 스케일이 거의 끼지 않음
- 가열코일이 필요
- 저압용 보일러가 필요
- 난방용 보일러로 급탕까지 가능
- 대규모 설비에 적합
- 기계식(강제식) 급탕 순환방식 사용

③ 관의 신축
ⓐ 스위블 조인트 : 엘보 2개 이상 사용한 신축이음으로 보편적 사용
ⓑ 슬리브형 : 배관이 겹쳐 들어가는 이음 신축으로 인한 응력 발생이 없음
ⓒ 벨로즈형 : 주름관의 수축을 이용한 이음 고압배관에 부적합
ⓓ 루프형 : 신축이 가장 좋고 누수도 가장 적음
ⓔ 상온 스프링형 : 상온상태에서 파손 한계 이전 늘린 형태로 열응력 발생 시 원상으로 돌아가는 정도의 신축이음

④ 관의 팽창길이

팽창길이 $L_m[mm]$
$= 1000[mm/m] \times L \times C \times \Delta t$

$L[m]$ : 관길이
$C$ : 온도당 선팽창계수
$\Delta t$ : 온도차

※ 온도변화에 따른 배관의 팽창길이는 배관의 길이와 비례

⑤ 온수 순환펌프의 수량

$$Q = \rho W C \Delta t$$

$W$ : 순환수량[L/min]  $p$ : 탕의 밀도[kg/L]
$C$ : 탕의 비열[kcal/(kg℃)]  $Q$ : 방열량[W 또는 kcal/h]
$\Delta t$ : 급탕관탕의 온도차[℃](강제순화식일 때 5 ~ 10℃)

⑥ 급탕의 팽창량

팽창량 $\Delta V[l] = (v_2 - v_1)m$
$\qquad\qquad = (\dfrac{1}{\rho_2} - \dfrac{1}{\rho_1})m$

$m$ : 장치보유수량[kg]
$v_2$ : 팽창 후 비체적[l/kg]
$v_1$ : 팽창 전 비체적[l/kg]
$p_2$ : 팽창 후 밀도[kg/l]
$p_1$ : 팽창 전 밀도[kg/l]

## 2 보일러

(1) 보일러의 종류

① 열전달 매체에 따른 분류 : 증기, 온수, 열매체보일러
② 열원에 따른 분류 : 가스, 유류, 석탄, 전기, 폐열보일러
③ 본체구조/ 순환방식에 따른

| 종류 | 형식 |
|---|---|
| 원통보일러 | 노통연관보일러 |
| | 노통보일러(코니시,랭카셔) |
| | 연관보일러 |
| | 입형보일러 |
| 수관보일러 | 강제순환식(기계식) 보일러 |
| | 자연순환식 |
| 관류보일러 | 관류보일러(벤손,슐져) |
| | 소형 관류보일러 |

(2) 보일러 수질관리

　① 보일러 부식 방지 : 물속 용존산소는 금속의 점 부식을 일으키게 되며, 이로 인해 열전달을 방해하고, 보일러 수를 오염시키게 되므로 제거하여 보일러 부식을 방지

　② 불순물 및 부유물 제거 : 시스템 고장의 원인이 될 수 있는 불순물 및 부유물을 제거

　③ 거품 방지 : 관수가 과 농축 시, 물속의 고형물의 농도가 높아지고, 보일러 표면에 거품을 발생하고 증기와 함께 증발하게 되어 캐리오버 발생 과열기 및 터빈의 축적으로 시스템 손상됨. 따라서 증기의 순도를 유지해야 함

　④ 경수를 연화 : 경수에 다량함유 되어 있는 칼슘과 마그네슘은 보일러 내부에 침전되어 보일러의 부식 및 스케일을 발생 수 처리를 통한 경수를 연수로 연화(탄산칼슘 처리)

　⑤ 경도 : 용수 내 칼슘, 마그네슘 등의 양을 연화 처리하는 탄산칼슘의 100ppm 기준으로 환산 표시한 것

| 분류 | 함유량 | 특징 |
|---|---|---|
| 극연수 | 0ppm | 증류수 또는 멸균수로 연관, 황동관이 부식됨 |
| 연수 | 90ppm | 세탁, 염색, 보일러용에 적합 |
| 적수 | 90~110ppm | - |
| 경수 | 110ppm 이상 | 대부분 용도에 부적합 |

(3) 보일러 순환 펌프

　① 열교환 효과를 높이기 위해(급탕 온도유지 온수 강제 순환을 위해) 사용되며 내열성, 대유량, 저리프트 특성이 필요함

　② 펌프의 기동정지는 서모스탯에 의해 급탕의 온도를 계측

(4) 역환수방식의 특징

　① 리버스리턴 배관은 배관 길이가 커져 설비비가 높아지나 온수의 유량 분배 균일화의 장점이 있음

(5) 기수혼합식(열매혼합식) 급탕장치
   ① 보일러에서 생긴 증기를 급탕용의 물속에 직접 불어넣어 온수를 얻는 방법으로 열효율이 좋고 열교환량이 커서 대규모 급탕용으로 사용
   ② 소음이 커서 스팀 사일런서 등을 사용 소음을 줄임

# CHAPTER 02 위생기구 및 배수통기 설비

## 01 배수관과 통기관

### 1 통기관

배수트랩의 봉수를 보호하여 배수관에서 발생하는 유취와 유해가스의 옥내 침입을 방지하기 위한 설비로 다음과 같은 목적이 있다.

① 배수관 내의 기압을 유지
② 트랩의 봉수 보호
③ 배수관 내의 흐름 원활
④ 배수관 내의 환기 역할

(1) 통기배관방식

① 단관식 : 2 ~ 3층 정도 소규모 건물에 사용
② 복관식
　기구수가 많고 트랩의 봉수가 없어질 기회가 많은 고층 건물에 사용
　㉠ 개별(각개) 통기식 : 각 기구마다 통기관을 취출하는 방식
　　(배관은 32A 이상 사용)
　㉡ 회로통기식
　　• 몇 개의 기구를 모아 하나의 통기관을 연결한 통기
　　• 기구 수는 8개 이내로 할 것
　㉢ 환상 통기식
　　• 회로 통기식 중 통기 수평지관을 통기주관에 연결하지 않고 신정 통기관에 연결하는 방식 2개 이상 8개 이하 기구 수 연결
　　• 최고층의 경우에 사용, 배관은 40A 이상

② 신정 통기관 : 최고층 기구 배수관 접속점에서 입상관을 연장하여 건물 밖으로 뽑아내는 방식으로 단관에서 많이 사용하며 단순하고 경제적(배관은 75A 이상 지붕을 관통하는 경우 150A 이상 사용)
⑩ 결합 통기관 : 고층 건물에서 통기효과를 높이기 위해 통기수직관과 배수수직관을 연결한 통기관 5개 층마다 설치하며, 배관은 50A 이상
⑪ 도피(탈출) 통기관 : 최하류 위생기구에 연결하는 통기관으로 루프통기관을 도와 통기가 원활히 이루어지도록 도와주는 역할을 하는 통기관, 배관은 40A 이상

※ 이외 겸용 사용에 따라 습윤 통기관으로 구분할 수 있으며, 습윤 통기관은 배수관과 통기관 역할을 같이 함
※ 자연급배기식 : 급·배기통을 전용 챔버 내에 접속하여 자연통기력에 의해 배기하는 방식
※ 통기관은 기구의 오버플로우 수면보다 15cm 이상 높아야 함

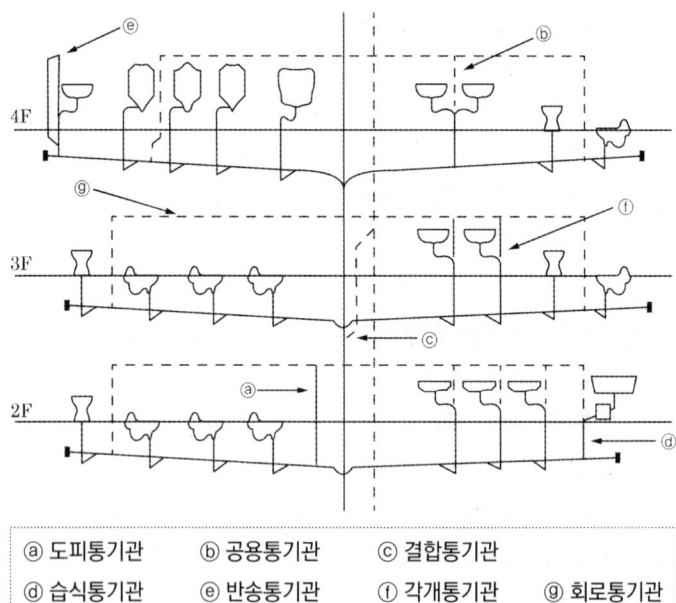

## 2 배수관과 트랩

(1) 배수관

배수관 유속은 0.6 ~ 1.5m/s, 지중 또는 지계층의 바닥 밑에 매설하는 배수관은 50A 이상으로 함

① 우수관 : 빗물관으로 공공하수도에 연결되어 배수

② 오수관 : 오수관은 오배수관으로 정화조와 연결되어 1차 정화 후 배수

③ 배수의 분류

  ㉠ 직접배수 : 위생기구와 배수관이 연결된 것(세면기, 욕조, 대변기 등)

  ㉡ 간접배수 : 냉장고, 세탁기, 음료기 등

④ 청소구 : 수평지관의 상단부에 관경 100mm 이하 경우 15m 이내, 관경 100mm 이상 경우 30m 이내 설치함. 45° 이상의 각도로 구부러진 곳에 설치

⑤ 배수관 및 통기관 시험

  ㉠ 수압시험 : 0.03MPa(3mAq) 압력으로 30분

  ㉡ 기압시험 : 0.035MPa 압력으로 15분

  ㉢ 기밀시험 : 최종시험(연기시험, 박하시험~전개구부를 밀폐한 다음 각 트랩을 봉수하고 배수 주관에 약 57g의 박하유를 주입한 다음 약 3.8ℓ의 온수를 부어 그 독특한 냄새에 의해 누설되는 곳을 확인하는 방식)

(2) 트랩

배수관에서 발생한 유해가스가 배수관을 통해 실내로 침입하기 때문에 이를 방지하기 위해 설치

① 트랩에는 물이 채워져 봉수가 되며, 봉수 깊이는 5 ~ 10cm 정도로 할 것

② 사이펀작용이나 역압작용에 의해 봉수가 파괴될 우려가 있으므로 봉수 보호를 위해 트랩 가까이에 통기관을 세울 것

③ 트랩의 구비조건
  ㉠ 내식성이 클 것
  ㉡ 구조가 간단할 것
  ㉢ 봉수가 유실되지 않는 구조일 것(U트랩)
  ㉣ 트랩 자신이 세정작용을 할 수 있을 것
④ 특수 배수 트랩
  ㉠ 그리스 트랩 : 주방의 조리실 기름용 트랩
  ㉡ 차고 트랩 : 차량 유류용 트랩
  ㉢ 플라스터(석고) 트랩 : 치과, 병원 의료용 석고 사용처
  ㉣ 헤어 트랩 : 미용실
  ※ 배수 설비 트랩은 2중 트랩이 되지 않도록 하며 유동부분이 없어야 한다.
⑤ 유도 사이펀 작용 : 공기가 감압되면서 사이펀 작용에 의해 봉수가 파괴 되는 작용 이외 불순물 등에 모세관 현상 등에 의해 봉수가 파괴될 수 있음

## 02 위생기구 및 오수처리

### 1 위생기구

(1) 세정밸브(F.V)식 대변기
  ① 급수관경은 최소 25A로 방사 필요압력은 0.07MPa
  ② 연속으로 사용 가능하나 소음이 커 가정용으로는 사용하지 않음
  ③ 다량의 물을 사용
  ④ 세정밸브 대변기에는 진공방지기 등을 설치하여 급수 오염 및 사이펀 작용을 방지

(2) 세정탱크식 대변기
　① 하이 탱크식(소음 크지만 적은 물사용)과 로우 탱크식(소음 작지만 많은 물사용)
　② 세정 시 소음이 큼
　※ 대변기 류가 기구배수(급수) 부하단위가 가장 크며, 대변기의 배수관은 최소 75A 이상, 2개 이상인 경우는 100A 이상으로 함

## 2 배관재료

(1) 동관
　① 전기 및 열의 전도성 우수하고 내식성이 높아 부식이 적음
　② 탄산가스를 포함한 공기 중에는 푸른 녹 발생

(2) 스테인레스 강관
　① 기계적 성질이 우수하나 취급이 어려움

(3) 부속
　① 체크밸브
　　㉠ 리프트형(수직배관)
　　㉡ 스윙형(수평, 수직배관 모두 설치 가능, 고형물이 많은 유체에 적용)

## 3 오수처리

(1) 생물화학적 산소 요구량(BOD) 제거율 : 오수처리설비의 성능을 나타내는 지표

$$BOD 제거율 = \frac{INBOD - OUTBOD}{INBOD} \times 100(\%)$$

※ 참조 : BOD - 생물화학적 산소 요구량
　　　　　COD - 화학적 산소 요구량
　　　　　DD - 용존산소량
　　　　　SS - 부유물질

(2) 오수 정화조 용량 선정
① 인원 산출(처리량) → 오수정화 성능 결정 → 오수량 결정
  → 정화조 용량 산정

# CHAPTER 03 가스설비

## 01 가스설비

### 1 가스설비

(1) 가스 사용시설

① LNG(액화천연가스)
  ㉠ 메탄($CH_4$)이 주성분
  ㉡ 공기보다 가볍다(비중 = 16g 분자량/29g 공기 분자량 = 0.55)
  ㉢ 도시가스 등 대규모 시설 배관을 통해서 공급

② LPG(Liquefied Petroleum Gas 액화석유가스)
  ㉠ 프로판($C_3H_8$), 부탄($C_4H_{10}$)이 주성분
  ㉡ 공기보다 무거움
     (비중이 큼. 프로페인 기준 비중 = 44g/29g = 1.51)

③ 도시가스 공급 계통
  ㉠ 원료 → 제조(공기혼합 열량조정) → 압송 → 홀더
     → 정압기(거버너) → 공급

④ 가스관과 전기설비의 이격거리
  ㉠ 전기계량기 및 전기개폐기 : 60cm
  ㉡ 전기점멸기 및 전기접속기 : 30cm

⑤ 도시가스 사용시설 가스계량기와 화기 사이 유지거리 → 2m 이상

# CHAPTER 04 | 덕트

## 01 덕트

### 1 덕트의 정의

송풍기와 연결하여 공기를 흐르게 하는 풍도를 말하며 공조설비의 덕트는 주로 아연철판이 사용되나 덕트 내의 결로로 인한 부식의 염려로 스테인리스, 알루미늄, 염화비닐, 글라스울이나 강판 등이 사용한다.

※ 공조용 덕트 : 급기덕트, 환기덕트

(1) 덕트의 종류

   ① 공조용 덕트 : 급기덕트, 환기덕트

   ② 환기용 덕트 : 외기 취입덕트, 외기 급기덕트, 배기덕트

   ③ 방화용 덕트 : 배연덕트

(2) 덕트의 설계

   ① 등마찰손실법(등압법)

      덕트 1m당 마찰손실과 동일값을 사용하여 덕트 치수를 결정한 것으로 선도 또는 덕트 설계용으로 개발한 계산으로 결정할 수 있음

   ② 정압법

      정압법에서는 덕트 내의 풍속 변화에 따른 정압의 상승, 강하 등을 고려하지 않고 있기 때문에 급기덕트의 하류 측에서 정압 재취득에 의한 정압이 상승하여 상류 측보다 하류 측에서의 토출풍량이 설계치보다 많아지는 경우가 있는데 이와 같은 불합리한 상태를 없애기 위해 각 토출구에서의 전압이 같아지도록 덕트를 설계하는 방법

      ㉠ 가장 합리적인 덕트 설계법

      ㉡ 일반적으로 정압법에 의해 설계한 덕트를 검토하는 데 이용

③ 정압 재취득법

급기덕트에서는 일반적으로 주덕트에서 말단으로 감에 따라 분기부를 지나면 차츰 덕트 내 풍속이 줄어든다. 베르누이의 정리에 의해 풍속이 감소하면 그 동압의 차만큼 정압이 상승하기 때문에 이 정압 상승분을 다음 구간의 덕트의 압력손실에 이용하면 덕트의 각 분기부에서 정압이 거의 같아지고 토출풍량이 균형을 유지한다. 이와 같이 분기 덕트를 따낸 다음 주덕트에서의 정압 상승분을 거기에 이어지는 덕트의 압력손실로 이용하는 방법이 정압 재취득법이다.

④ 등속법
  ㉠ 덕트 주관이나 분기관의 풍속을 권장풍속 내의 임의의 값으로 선정하여 덕트 치수를 결정하는 방법
  ㉡ 송풍기 용량을 구하기 위해 덕트 전체 구간의 압력손실을 구해야 함

(3) 송풍기

① Fan : 대기압하에서 공기를 흡입하고 압력 상승은 1000mmAq 미만
② Blower : 대기압하에서 공기를 흡입하고 압력 상승은 1000mmAq 이상

(4) 댐퍼

① 방화 댐퍼(FD ; Fire Damper) : 화재 시 연소공기 온도 약 70℃에 덕트를 폐쇄시키도록 되어 있음
② 방연 댐퍼(SD ; Smoke Damper) : 실내의 연기감지기 또는 화재 초기의 발생 연기를 감지하여 덕트를 폐쇄시킴
③ 풍량조절 댐퍼(VD ; Volume Damper) : 주 덕트의 주요 분기점, 송풍기 출구 측에 설치되며 날개의 열림 정도에 따라 풍량을 조절 또는 폐쇄의 역할을 함

## 2 환기 설비

(1) 환기량

$$q = Q_o \times 1.2 \times C_p(t_r - t_o)$$

$$\therefore Q_o = \frac{q}{1.2 C_p(t_r - t_o)}$$

$q$ : 실내열량[kJ/h]
$t_r$ : 실내온도[℃]
$t_o$ : 외기온도[℃]
$Q_o$ : 환기량[m³/h]
$C_p$ : 공기정압비열[kJ/kg·K]

(2) 필터 여과효율 ($\eta_f$)

어떠한 유체(공기, 기름, 연료, 물, 기타)를 일정한 시간 내에 일정한 용량을 일정한 크기의 입자로 통과시키는 기기이며, 대기 중에 존재하는 분진을 제거하여 필요에 맞는 청정한 공기를 만들어낼 때 여과효율을 측정함

$$\eta_f = \frac{C_1 - C_2}{C_1} \times 100\%$$

$C_1$ : 필터 입구 공기 중 먼지량
$C_2$ : 필터 출구 공기 중 먼지량

또는

$$\frac{제거농도}{입구농도} \times 100 = \frac{입구농도 - 출구농도}{입구농도} \times 100 = \chi\%$$

# CHAPTER 05 배관

## 01 배관

### 1 배관일반

(1) 강관이음 : 나사이음, 용접이음, 플랜지이음

(2) 나사 이음 부속
  ① 관의 방향을 바꿀 때 : 엘보, 벤드 사용
  ② 배관을 분기할 때 : 티, 와이, 크로스 사용
  ③ 동경의 관을 직선 연결할 때 : 소켓, 유니언, 플랜지 니플 사용
  ④ 이경관을 연결할 때 : 이경엘보, 이경소켓, 이경티, 부싱 사용
  ⑤ 관의 끝을 막을 때 : 캡, 플러그 사용
  ⑥ 관의 분해 수리 교체가 필요할 때 : 유니언, 플랜지 사용

(3) 밸브
  ① 게이트밸브(on/off) : 구조상 퇴적물이 체류하지 않으며, 유체의 차단을 주목적으로 일반 배관용으로 가장 많이 사용
  ② 글로브밸브(유량조절) : 구조상 유량조절용으로 사용되는 밸브
  ③ 앵글밸브 : 스톱밸브라고도 하며 출입 유체의 방향이 90°가 되는 밸브
  ④ 콕 : 원뿔형 콕을 90° 회전시켜 유체의 흐름을 차단하고 유량을 정지시킨다. 각도가 0 ~ 90° 사이의 각도만큼 회전하면서 유량을 조절하며 가장 신속히 개폐가능
  ⑤ 체크밸브 : 유체를 한 방향으로 유동시키고 보일러 급수배관에서 급수의 역류를 방지하기 위한 밸브
  ⑥ 감압밸브 : 저압측의 압력을 일정하게 유지시켜주는 밸브

⑦ 버터플라이밸브 : 나비형 밸브로 원통형의 몸체 속에서 밸브 스템을 축으로 하여 원관이 회전함으로써 개폐를 행하는 밸브이나 유속저항이 심한 단점이 있다.

(4) 트랩
  ① P 및 S트랩 : 세면기나 대소변기 위생도기용
  ② U(메인)트랩 : 옥내 배수 수평주관에 설치하고 가스의 역류 방지

(5) 스트레이너
  배관 속 먼지, 흙, 모래 등을 제거하기 위한 부속품으로 수량계, 펌프 등을 보호

## 2 신축이음

신축이음은 열응력에 의한 신축팽창을 흡수하기 위해 설치한다.

(1) 슬리브형이음(미끄럼형)
  압력이 $5kg/cm^2$, $10kg/cm^2$ 용의 두 개가 있으며 저압증기 및 온수배관의 신축이음에 적합하다.

(2) 벨로스형이음(주름통식)
  온도에 따라 일어나는 관의 신축이음쇠를 벨로즈의 변형에 의해 흡수시키는 형식으로 증기관에 널리 사용되며 응력흡수가 용이한 이음방식이다.

(3) 스위블형이음
  2개 이상의 엘보를 사용하여 나사의 회전에 의해 신축이 흡수되며 저압의 증기 및 온수난방에 사용된다.

(4) 루프형이음
  신축곡관이라고도 하며 그 휨에 의해 배관의 신축을 흡수하는 형식으로 주로 고압증기 옥외배관에 많이 사용된다. 설치장소를 많이 차지한다는 단점이 있다.

### 3 배관도면 표시법

관은 하나의 실선으로 표시하며 동일 도면에서 다른 관을 표시할 때도 같은 굵기 선으로 표시한다.

(1) 유체의 종류, 상태, 목적 표시 기호 : 문자로 표시하며 관을 표시하는 선 위에 표시하거나 인출선에 의해 도시한다.

(2) 유체의 종류와 기호
  ① 공기 : A
  ② 가스 : G
  ③ 유류 : O
  ④ 수증기 : S
  ⑤ 물 : W

(3) 배관 높이 표시
  ① EL 표시 : 배관의 높이를 표시할 때 기준선으로 기준선에 의해 높이를 표시하는 법
   ㉠ 기준선은 평균 해면에서 측량된 어떤 기준선이며, 옥외 배관 장치에서의 기준선은 지반면이 반드시 수평이 되지 않으므로 지반면의 최고 위치를 기준으로 하여 150~200m 정도의 하부를 기준선이라 하며, 배관에서의 베이스라인은 EL±0으로 한다.
   ㉡ EL+5000 : 관의 중심이 기준면보다 5000 높은 장소에 있다.
   ㉢ EL-600BOP : 관의 밑면이 기준면보다 600 낮은 장소에 있다.
   ㉣ EL-300TOP : 관의 윗면이 기준면보다 300 낮은 장소에 있다.
  ② BOP(Bottom of Pipe) : EL에서 관 외경의 밑면까지를 높이로 표시할 때
  ③ TOP(Top of Pipi) : EL에서 관 외경의 윗면까지를 높이로 표시할 때
  ④ GL(Ground Level) : 지면의 높이를 기준으로 할 때 사용하고 치수 숫자 앞에 기입
  ⑤ FL(Floor Level) : 건물 바닥면을 기준으로 하여 높이로 표시할 때

(4) 배관 도시기호

| 명칭 | 도시기호 | 명칭 | 도시기호 |
|---|---|---|---|
| 나사형 | ——┼—— | 유니언 | ——╫—— |
| 용접형 | ——✕—— | 슬루스밸브 | ——⋈—— |
| 플랜지형 | ——╢├—— | 글로브밸브 | ——⋈•—— |
| 턱걸이형 | ——⊂—— | 체크밸브 | ——⋈—— |
| 납땜형 | ——○—— | 캡 | ——⊐ |

(5) 관 표시

① 온수 및 증기의 송기관 : 실선으로 표시

② 온수 및 증기의 복귀관 : 점선으로 표시

③ 급수관 : 일점쇄선으로 표시

# 03

건축설비(산업)기사
엑기스 요약집

PART

# 건축환경 및 법규

# CHAPTER 01 건축법규

## 01 건축법(법률, 시행령, 시행규칙) 및 기타 규칙 및 기준

### 1 건축

(1) 정의

① 건축물
토지에 정착(定着)하는 공작물 중 지붕과 기둥 또는 벽이 있는 것과 이에 딸린 시설물, 지하나 고가(高架)의 공작물에 설치하는 사무소
※ 공연장·점포·차고·창고

② 건축
건축물을 신축·증축·개축·재축(再築)하거나 건축물을 이전하는 것
㉠ 신축 : 건축물이 없는 대지에 새로 건축물을 축조(築造)하는 것
㉡ 증축 : 기존 건축물이 있는 대지에서 건축물의 건축면적, 연면적, 층수 또는 높이를 늘리는 것
㉢ 개축 : 기존 건축물의 전부 또는 일부[내력벽·기둥·보·지붕틀) 중 셋 이상이 포함되는 경우]를 해체하고 그 대지에 종전과 같은 규모의 범위에서 건축물을 다시 축조하는 것
㉣ 재축 : 건축물이 천재지변이나 그 밖의 재해(災害)로 멸실된 경우 그 대지에 다시 축조하는 것

③ 대수선 : 건축물의 기둥, 보, 내력벽, 주계단 등의 구조나 외부 형태를 수선·변경하거나 증설하는 것, 증축, 개축, 재축 이외 다음에 해당하는 것
㉠ 내력벽을 증설 또는 해체하거나 그 벽면적을 30제곱미터 이상 수선 또는 변경하는 것
㉡ 기둥을 증설 또는 해체하거나 세 개 이상 수선 또는 변경하는 것
㉢ 보를 증설 또는 해체하거나 세 개 이상 수선 또는 변경하는 것

ⓔ 지붕틀을 증설 또는 해체하거나 세 개 이상 수선 또는 변경하는 것
　　ⓜ 방화벽 또는 방화구획을 위한 바닥 또는 벽을 증설 또는 해체하거나 수선 또는 변경하는 것
　　ⓗ 주계단·피난계단 또는 특별피난계단을 증설 또는 해체하거나 수선 또는 변경하는 것
　　ⓢ 다가구주택의 가구 간 경계벽 또는 다세대주택의 세대 간 경계벽을 증설 또는 해체하거나 수선 또는 변경하는 것
　　ⓞ 건축물의 외벽에 사용하는 마감재료를 증설 또는 해체하거나 벽면적 30제곱미터 이상 수선 또는 변경하는 것
④ 건축설비
　건축물에 설치하는 전기·전화 설비, 초고속 정보통신 설비, 지능형 홈 네트워크 설비, 가스·급수·배수(配水)·배수(排水)·환기·난방·냉방·소화(消火)·배연(排煙) 및 오물처리의 설비, 굴뚝, 승강기, 피뢰침, 국기 게양대, 공동시청 안테나, 유선방송 수신시설, 우편함, 저수조(貯水槽), 방범시설
⑤ 리모델링
　건축물의 노후화를 억제하거나 기능 향상 등을 위하여 대수선하거나 건축물의 일부를 증축 또는 개축하는 행위
⑥ 주요구조부
　내력벽(耐力壁), 기둥, 바닥, 보, 지붕틀 및 주계단(主階段)
⑦ 거실
　건축물 안에서 거주, 집무, 작업, 집회, 오락, 그 밖에 이와 유사한 목적을 위하여 사용되는 방을 말한다.
⑧ 지하층
　건축물의 바닥이 지표면 아래에 있는 층으로서 바닥에서 지표면까지 평균높이가 해당 층 높이의 2분의 1 이상인 것을 말한다.

(2) 옹벽 등의 공작물에의 준용하는 공작물

① 높이 6미터를 넘는 굴뚝

② 높이 4미터를 넘는 장식탑, 기념탑, 첨탑, 광고탑, 광고판

③ 높이 8미터를 넘는 고가수조

④ 높이 2미터를 넘는 옹벽 또는 담장

⑤ 바닥면적 30제곱미터를 넘는 지하대피호

⑥ 높이 6미터를 넘는 골프연습장 등의 운동시설을 위한 철탑, 주거지역·상업지역에 설치하는 통신용 철탑

⑦ 높이 8미터 이하의 기계식 주차장 및 철골 조립식 주차장

⑧ 건축조례로 정하는 제조시설, 저장시설, 유희시설

⑨ 높이 5미터를 넘는 태양에너지를 이용하는 발전설비

(3) 건축물의 용도 분류

건축물의 종류를 유사한 구조, 이용 목적 및 형태별로 묶어 분류한 것

① 단독주택

㉠ 단독주택

㉡ 다중주택 : 1개 동 바닥면적 합계가 660제곱미터 이하이고 3개 층 이하

㉢ 다가구주택 : 1개 동 바닥면적 합계가 660제곱미터 이하이고 3개 층 이하 + 19세대 이하

㉣ 공관(公館)

② 공동주택

㉠ 아파트 : 주택 층수가 5개 층 이상

㉡ 연립주택 : 주택 1개 동의 바닥면적 합계가 660제곱미터를 초과하고, 층수가 4개 층 이하

㉢ 다세대주택 : 주택으로 쓰는 1개 동의 바닥면적 합계가 660제곱미터 이하이고, 층수가 4개 층 이하

㉣ 기숙사

③ 제1종 근린생활시설
  ㉠ 일용품을 판매하는 소매점 바닥 1천 제곱미터 미만
  ㉡ 휴게음식점, 제과점 등 바닥 합계가 300제곱미터 미만
  ㉢ 의원, 치과의원, 한의원, 침술원, 접골원(接骨院), 조산원, 안마원, 산후조리원 등
  ㉣ 탁구장, 체육도장 바닥면적의 합계가 500제곱미터 미만인 것
  ㉤ 공공업무를 수행하는 시설 바닥 1천 제곱미터 미만인 것
  ㉥ 변전소, 도시가스배관시설, 통신용 시설(바닥 1천 제곱미터 미만인 것), 에너지공급·통신서비스제공이나 급수·배수와 관련된 시설
  ㉦ 일반업무시설 바닥 30제곱미터 미만인 것
  ㉧ 전기자동차 충전소
④ 제2종 근린생활시설
  ㉠ 공연장 바닥 합 500제곱미터 미만
  ㉡ 종교집회장 바닥 합 500제곱미터 미만
  ㉢ 자동차영업소 바닥 합 1천 제곱미터 미만
  ㉣ 총포판매소
  ㉤ 청소년게임제공업소 등 바닥 합 500제곱미터 미만
  ㉥ 휴게음식점 등 바닥 합 300제곱미터 이상
  ㉦ 일반음식점
  ㉧ 장의사, 동물병원, 동물미용실
  ㉨ 학원, 교습소, 직업훈련소 바닥 합 500제곱미터 미만
  ㉩ 독서실, 기원
  ㉪ 주민의 체육 활동을 위한 시설 바닥 합 500제곱미터 미만
  ㉫ 일반업무시설로서 바닥 합 500제곱미터 미만
  ㉬ 다중생활시설 바닥 합 500제곱미터 미만
  ㉮ 단란주점 바닥 합 150제곱미터 미만
  ㉯ 안마시술소, 노래연습장

⑤ 문화 및 집회시설

⑥ 종교시설

⑦ 판매시설

⑧ 운수시설

⑨ 의료시설

⑩ 교육연구시설

⑪ 노유자(老幼者 : 노인 및 어린이)시설

⑫ 수련시설

⑬ 운동시설

⑭ 업무시설

⑮ 숙박시설

⑯ 위락(慰樂)시설

⑰ 공장

⑱ 창고시설

⑲ 위험물 저장 및 처리 시설

⑳ 자동차 관련 시설

㉑ 동물 및 식물 관련 시설

㉒ 자원순환 관련 시설

㉓ 교정(矯正)시설

㉔ 국방·군사시설

㉕ 방송통신시설

㉖ 발전시설

㉗ 묘지 관련 시설

㉘ 관광 휴게시설

(4) 리모델링 대비 특례
　① 리모델링이 쉬운 구조
　　㉠ 각 세대는 인접한 세대와 수직 또는 수평 방향으로 통합하거나 분할할 수 있을 것
　　㉡ 구조체에서 건축설비, 내부 마감재료 및 외부 마감 재료를 분리할 수 있을 것
　　㉢ 개별 세대 안에서 구획된 실(室)의 크기, 개수 또는 위치 등을 변경할 수 있을 것
(5) 다중이용 건축물과 준다중이용 건축물
　① 다중이용 건축물
　　문화 및 집회시설, 종교시설, 판매시설, 운수시설 중 여객용 시설, 종합병원, 관광숙박시설, 16층 이상인 건축물 중 바닥 합 5천 제곱미터 이상
　② 준다중이용 건축물
　　다중이용 건축물 외 교육연구시설, 노유자시설, 운동시설, 위락시설, 장례시설
(6) 건축법 적용제외
　① 문화재보호법에 따른 지정문화재나 임시지정문화재
　② 철도나 궤도의 선로 부지(敷地)에 있는 시설
　③ 고속도로 통행료 징수시설
　④ 컨테이너를 이용한 간이창고
　⑤ 하천법에 따른 하천구역 내의 수문조작실

(7) 건축기준 허용오차

① 대지 관련 건축기준의 허용오차

| 항목 | 허용되는 오차의 범위 |
|---|---|
| 건축선의 후퇴거리 | 3퍼센트 이내 |
| 인접대지 경계선과의 거리 | 3퍼센트 이내 |
| 인접건축물과의 거리 | 3퍼센트 이내 |
| 건폐율 | 0.5퍼센트 이내<br>(건축면적 5제곱미터를 초과할 수 없다) |
| 용적률 | 1퍼센트 이내<br>(연면적 30제곱미터를 초과할 수 없다) |

② 건축물 관련 건축기준의 허용오차

| 항목 | 허용되는 오차의 범위 |
|---|---|
| 건축물 높이 | 2퍼센트 이내(1미터를 초과할 수 없다) |
| 평면길이 | 2퍼센트 이내(건축물 전체길이는 1미터를 초과할 수 없고, 벽으로 구획된 각 실의 경우에는 10센티미터를 초과할 수 없다) |
| 출구너비 | 2퍼센트 이내 |
| 반자높이 | 2퍼센트 이내 |
| 벽체두께 | 3퍼센트 이내 |
| 바닥판두께 | 3퍼센트 이내 |

## 2 건축허가

(1) 건축허가신청에 필요한 설계도서
   ① 건축계획서
   ② 배치도
      ㉠ 축척 및 방위
      ㉡ 대지에 접한 도로의 길이 및 너비
      ㉢ 대지의 종·횡단면도
      ㉣ 건축선 및 대지경계선으로부터 건축물까지의 거리
      ㉤ 주차동선 및 옥외주차계획
      ㉥ 공개공지 및 조경계획
   ③ 평면도
   ④ 입면도
   ⑤ 단면도
   ⑥ 구조도(구조안전 확인 또는 내진설계 대상 건축물에 한함)
   ⑦ 구조계산서(구조안전 확인 또는 내진설계 대상 건축물에 한함)

(2) 구조안전확인대상 건축물
   ① 층수가 3층[대지가 연약(軟弱)하여 건축물의 구조 안전을 확보할 필요가 있는 지역으로서 건축조례로 정하는 지역에서는 2층] 이상인 건축물
   ② 연면적이 1천 제곱미터 이상인 건축물
   ③ 높이가 13미터 이상인 건축물
   ④ 처마높이가 9미터 이상인 건축물

(3) 건축허가 사전승인
   ① 건축계획서 : 설계설명서, 구조계획서, 지질조사서, 시방서
   ② 기본설계도서
      ㉠ 건축 : 투시도, 평면도, 입면도, 단면도, 내외마감표, 주차장 평면도
      ㉡ 설비 : 건축설비도, 소방설비도, 상하수도계통도

(4) 초고층 건축물
  ① 초고층 및 지하연계 복합건축물 재난관리에 관한 특별법에 정의
    층수가 50층 이상 또는 높이가 200미터 이상인 건축물
  ② 층수 및 높이에 따른 건축물의 분류(고층, 준초고층, 초고층이란?)

| 구분 | 층수 | 높이 |
|---|---|---|
| 고층건축물 | 30층 이상 | 120m 이상 |
| 준초고층건축물 | 30층 이상 ~ 50층 미만 | 120m 이상 ~ 200m 미만 |
| 초고층건축물 | 50층 이상 | 200m 이상 |

(5) 건축허가 등의 동의대상물의 범위
  ① 연면적이 400제곱미터 이상인 건축물과 다음 기준 이상인 건축물
    ㉠ 학교시설 : 100제곱미터
    ㉡ 노유자시설(노유자시설) 및 수련시설 : 200제곱미터
    ㉢ 정신의료기관(입원실이 없는 경우 제외) : 300제곱미터
    ㉣ 장애인 의료재활시설 : 300제곱미터
    ㉤ 차고·주차장 또는 주차 용도로 사용되는 시설
      • 차고·주차장으로 사용되는 층 중 바닥면적이 200제곱미터 이상인 층이 있는 시설
      • 승강기 등 기계장치에 의한 주차시설로서 자동차 20대 이상을 주차할 수 있는 시설
    ㉥ 항공기격납고, 관망탑, 항공관제탑, 방송용 송수신탑
    ㉦ 지하층 또는 무창층이 있는 건축물로서 바닥면적이 150제곱미터(공연장의 경우에는 100제곱미터) 이상인 층이 있는 것
    ㉧ 위험물 저장 및 처리 시설, 지하구

ⓩ 노유자시설 중(단독주택 또는 공동주택에 설치되는 시설은 제외)
- 노인 관련 시설
- 아동복지시설
- 장애인 거주시설
- 정신질환자 관련 시설
- 노숙인 관련 시설
- 결핵환자나 한센인이 24시간 생활하는 노유자시설

㉛ 요양병원

## 3 구조 및 재료

(1) 구조 및 재료

① 내수재료 벽돌·자연석·인조석·콘크리트·아스팔트·도자기질 재료·유리 및 그 밖에 이와 비슷한 내수성 건축재료

② 내화구조

㉠ 내화구조 일반
- 철근콘크리트조 또는 철골철근콘크리트조로서 두께가 10센티미터 이상인 것
- 골구를 철골조로 하고 그 양면을 두께 4센티미터 이상의 철망모르타르(그 바름바탕을 불연재료로 한 것으로 한정한다. 이하 이 조에서 같다) 또는 두께 5센티미터 이상의 콘크리트블록·벽돌 또는 석재로 덮은 것
- 철재로 보강된 콘크리트블록조·벽돌조 또는 석조로서 철재에 덮은 콘크리트블록 등의 두께가 5센티미터 이상인 것
- 벽돌조로서 두께가 19센티미터 이상인 것
- 고온·고압의 증기로 양생된 경량기포 콘크리트패널 또는 경량기포 콘크리트블록조로서 두께가 10센티미터 이상인 것

ⓒ 기둥
- 기둥의 경우에는 그 작은 지름이 25센티미터 이상인 것으로서 다음 각 목의 어느 하나에 해당하는 것
- 철근콘크리트조 또는 철골철근콘크리트조
- 철골을 두께 6센티미터(경량골재를 사용하는 경우에는 5센티미터)이상의 철망모르타르 또는 두께 7센티미터 이상의 콘크리트블록·벽돌 또는 석재로 덮은 것
- 철골을 두께 5센티미터 이상의 콘크리트로 덮은 것

ⓒ 바닥
- 바닥의 경우에는 다음 각 목의 어느 하나에 해당하는 것
- 철근콘크리트조 또는 철골철근콘크리트조로서 두께가 10센티미터 이상인 것
- 철재로 보강된 콘크리트블록조·벽돌조 또는 석조로서 철재에 덮은 콘크리트블록 등의 두께가 5센티미터 이상인 것
- 철재의 양면을 두께 5센티미터 이상의 철망모르타르 또는 콘크리트로 덮은 것

ⓔ 보
- 보(지붕틀을 포함한다)의 경우에는 다음 각 목의 어느 하나에 해당하는 것
- 철근콘크리트조 또는 철골철근콘크리트조
- 철골을 두께 6센티미터(경량골재를 사용하는 경우에는 5센티미터)이상의 철망모르타르 또는 두께 5센티미터 이상의 콘크리트로 덮은 것
- 철골조의 지붕틀(바닥으로부터 그 아랫부분까지의 높이가 4미터 이상인 것에 한한다)로서 바로 아래에 반자가 없거나 불연재료로 된 반자가 있는 것

ⓜ 지붕
　　　• 지붕의 경우에는 다음 각 목의 어느 하나에 해당하는 것
　　　• 철근콘크리트조 또는 철골철근콘크리트조
　　　• 철재로 보강된 콘크리트블록조·벽돌조 또는 석조
　　　• 철재로 보강된 유리블록 또는 망입유리(두꺼운 판유리에 철망을 넣은 것을 말한다)로 된 것
　　ⓗ 계단
　　　• 계단의 경우에는 다음 각 목의 어느 하나에 해당하는 것
　　　• 철근콘크리트조 또는 철골철근콘크리트조
　　　• 무근콘크리트조·콘크리트블록조·벽돌조 또는 석조
　　　• 철재로 보강된 콘크리트블록조·벽돌조 또는 석조
　　　• 철골조
　③ 방화구조
　　㉠ 방화구조 일반
　　　• 철망모르타르로서 그 바름두께가 2센티미터 이상인 것
　　　• 석고판 위에 시멘트모르타르 또는 회반죽을 바른 것으로서 그 두께의 합계가 2.5센티미터 이상인 것
　　　• 시멘트모르타르 위에 타일을 붙인 것으로서 그 두께의 합계가 2.5센티미터 이상인 것
　　　• 심벽에 흙으로 맞벽치기한 것

(2) 계단
　① 계단의 구조
　　건축물의 피난·방화구조 등의 기준에 관한 규칙에 의한다.
　　㉠ 높이가 3미터를 넘는 계단에는 높이 3미터 이내마다 유효너비 120센티미터 이상의 계단참을 설치할 것
　　㉡ 높이가 1미터를 넘는 계단 및 계단참의 양옆에는 난간(벽 또는 이에 대치되는 것을 포함한다)을 설치할 것

ⓒ 너비가 3미터를 넘는 계단에는 계단의 중간에 너비 3미터 이내마다 난간을 설치할 것. 다만 계단의 단 높이가 15센티미터 이하이고, 계단의 단 너비가 30센티미터 이상인 경우에는 그러하지 아니하다.

ⓔ 계단의 유효 높이(계단의 바닥 마감면부터 상부 구조체의 하부 마감면까지의 연직방향의 높이를 말한다)는 2.1미터 이상으로 할 것

② 계단 단 높이 및 단 너비의 치수(돌음계단의 단 너비는 그 좁은 너비의 끝부분으로부터 30센티미터의 위치에서 측정)

ⓐ 초등학교의 계단 및 계단참의 유효너비는 150센티미터 이상, 단 높이는 16센티미터 이하, 단 너비는 26센티미터 이상

ⓑ 중·고등학교의 계단 및 계단참의 유효너비는 150센티미터 이상, 단 높이는 18센티미터 이하, 단 너비는 26센티미터 이상

ⓒ 문화 및 집회시설(공연장·집회장 및 관람장에 한한다)·판매시설 기타 이와 유사한 용도에 쓰이는 건축물의 계단 및 계단참의 유효너비를 120센티미터 이상

ⓔ 그 외의 건축물의 계단 및 계단참은 유효너비를 120센티미터 이상

③ 공동주택(기숙사를 제외)·제1종 근린생활시설·제2종 근린생활시설·문화 및 집회시설·종교시설·판매시설·운수시설·의료시설·노유자시설·업무시설·숙박시설·위락시설 또는 관광휴게시설의 용도에 쓰이는 건축물의 주계단·피난계단 또는 특별피난계단에 설치하는 난간 및 바닥은 아동의 이용에 안전하고 노약자 및 신체장애인의 이용에 편리한 구조로 하여야 하며, 양쪽에 벽등이 있어 난간이 없는 경우에는 손잡이를 설치하여야 한다.

④ 손잡이 기준

ⓐ 손잡이는 최대지름이 3.2센티미터 이상 3.8센티미터 이하인 원형 또는 타원형의 단면으로 할 것

ⓑ 손잡이는 벽등으로부터 5센티미터 이상 떨어지도록 하고, 계단으로부터의 높이는 85센티미터가 되도록 할 것

ⓒ 계단이 끝나는 수평부분에서의 손잡이는 바깥쪽으로 30센티미터 이상 나오도록 설치할 것
(3) 직통계단, 피난계단, 특별피난계단
피난계단 또는 특별피난계단은 돌음계단으로 해서는 안 되며, 옥상광장을 설치해야 하는 건축물의 피난계단 또는 특별피난계단은 해당 건축물의 옥상으로 통하도록 설치해야 한다. 이 경우 옥상으로 통하는 출입문은 피난방향으로 열리는 구조로서 피난 시 이용에 장애가 없어야 한다.
① 직통계단의 설치기준
  ⓐ 가장 멀리 위치한 직통계단 2개소의 출입구 간의 가장 가까운 직선거리(직통계단 간을 연결하는 복도가 건축물의 다른 부분과 방화구획으로 구획된 경우 출입구 간의 가장 가까운 보행거리를 말한다)는 건축물 평면의 최대 대각선 거리의 2분의 1 이상으로 할 것. 다만 스프링클러 또는 그 밖에 이와 비슷한 자동식 소화설비를 설치한 경우에는 3분의 1 이상으로 한다.
  ⓑ 각 직통계단 간에는 각각 거실과 연결된 복도 등 통로를 설치할 것
  ⓒ 피난층 또는 지상으로 통하는 직통계단을 설치하는 경우 계단 및 계단참의 유효너비
    • 공동주택 : 120센티미터 이상
    • 공동주택이 아닌 건축물 : 150센티미터 이상
  ⓓ 판매시설의 용도로 쓰는 층으로부터의 직통계단은 그 중 1개소 이상을 특별피난계단으로 설치하여야 한다.
② 피난계단의 구조
건축물의 5층 이상 또는 지하 2층 이하의 층으로부터 피난층 또는 지상으로 통하는 직통계단(지하 1층인 건축물의 경우에는 5층 이상의 층으로부터 피난층 또는 지상으로 통하는 직통계단과 직접 연결된 지하 1층의 계단을 포함)은 피난계단(또는 특별피난계단)으로 설치해야 한다.

㉠ 계단실은 창문·출입구 기타 개구부(이하 "창문등"이라 한다)를 제외한 당해 건축물의 다른 부분과 내화구조의 벽으로 구획할 것
㉡ 계단실의 실내에 접하는 부분(바닥 및 반자 등 실내에 면한 모든 부분을 말한다)의 마감(마감을 위한 바탕을 포함한다)은 불연재료로 할 것
㉢ 계단실에는 예비전원에 의한 조명설비를 할 것
㉣ 계단실의 바깥쪽과 접하는 창문등(망이 들어 있는 유리의 붙박이창으로서 그 면적이 각각 1제곱미터 이하인 것을 제외한다)은 당해 건축물의 다른 부분에 설치하는 창문등으로부터 2미터 이상의 거리를 두고 설치할 것
㉤ 건축물의 내부와 접하는 계단실의 창문등(출입구를 제외한다)은 망이 들어 있는 유리의 붙박이창으로서 그 면적을 각각 1제곱미터 이하로 할 것
㉥ 건축물의 내부에서 계단실로 통하는 출입구의 유효너비는 0.9미터 이상으로 하고, 그 출입구에는 피난의 방향으로 열 수 있는 것으로서 언제나 닫힌 상태를 유지하거나 화재로 인한 연기 또는 불꽃을 감지하여 자동적으로 닫히는 구조로 된 60분 방화문을 설치할 것
㉦ 계단은 내화구조로 하고 피난층 또는 지상까지 직접 연결되도록 할 것

③ 건축물의 바깥쪽에 설치하는 피난계단의 구조
㉠ 계단은 그 계단으로 통하는 출입구외의 창문등(망이 들어 있는 유리의 붙박이창으로서 그 면적이 각각 1제곱미터 이하인 것을 제외한다)으로부터 2미터 이상의 거리를 두고 설치할 것
㉡ 건축물의 내부에서 계단으로 통하는 출입구에는 60분 방화문을 설치할 것
㉢ 계단의 유효너비는 0.9미터 이상으로 할 것
㉣ 계단은 내화구조로 하고 지상까지 직접 연결되도록 할 것

④ 특별피난계단의 구조
  ㉠ 건축물의 내부와 계단실은 노대를 통하여 연결하거나 외부를 향하여 열 수 있는 면적 1제곱미터 이상인 창문(바닥으로부터 1미터 이상의 높이에 설치한 것에 한한다) 또는 「건축물의 설비기준 등에 관한 규칙」 제14조의 규정에 적합한 구조의 배연설비가 있는 면적 3제곱미터 이상인 부속실을 통하여 연결할 것
  ㉡ 계단실·노대 및 부속실(「건축물의 설비기준 등에 관한 규칙」 제10조 제2호 가목의 규정에 의하여 비상용승강기의 승강장을 겸용하는 부속실을 포함한다)은 창문등을 제외하고는 내화구조의 벽으로 각각 구획할 것
  ㉢ 계단실 및 부속실의 실내에 접하는 부분(바닥 및 반자 등 실내에 면한 모든 부분을 말한다)의 마감(마감을 위한 바탕을 포함한다)은 불연재료로 할 것
  ㉣ 계단실에는 예비전원에 의한 조명설비를 할 것
  ㉤ 계단실·노대 또는 부속실에 설치하는 건축물의 바깥쪽에 접하는 창문등(망이 들어 있는 유리의 붙박이창으로서 그 면적이 각각 1제곱미터 이하인 것을 제외한다)은 계단실·노대 또는 부속실외의 당해 건축물의 다른 부분에 설치하는 창문등으로부터 2미터 이상의 거리를 두고 설치할 것
  ㉥ 계단실에는 노대 또는 부속실에 접하는 부분 외에는 건축물의 내부와 접하는 창문등을 설치하지 아니할 것
  ㉦ 계단실의 노대 또는 부속실에 접하는 창문등(출입구를 제외한다)은 망이 들어 있는 유리의 붙박이창으로서 그 면적을 각각 1제곱미터 이하로 할 것
  ㉧ 노대 및 부속실에는 계단실외의 건축물의 내부와 접하는 창문등(출입구를 제외한다)을 설치하지 아니할 것

   ⓩ 건축물의 내부에서 노대 또는 부속실로 통하는 출입구에는 60분 방화문을 설치하고, 노대 또는 부속실로부터 계단실로 통하는 출입구에는 60분 방화문 또는 30분 방화문을 설치할 것. 이 경우 방화문은 언제나 닫힌 상태를 유지하거나 화재로 인한 연기 또는 불꽃을 감지하여 자동적으로 닫히는 구조로 해야 하고, 연기 또는 불꽃으로 감지하여 자동적으로 닫히는 구조로 할 수 없는 경우에는 온도를 감지하여 자동적으로 닫히는 구조로 할 수 있다.

   ㉛ 계단은 내화구조로 하되, 피난층 또는 지상까지 직접 연결되도록 할 것

   ㉠ 출입구의 유효너비는 0.9미터 이상으로 하고 피난의 방향으로 열 수 있을 것

(4) 경사로
 ① 경사로 구조
  ㉠ 경사도는 1 : 8을 넘지 아니할 것
  ㉡ 표면을 거친 면으로 하거나 미끄러지지 아니하는 재료로 마감할 것

(5) 복도

| 구분 | 양옆에 거실이 있는 복도 | 기타의 복도 |
| --- | --- | --- |
| 유치원~고등학교 | 2.4m 이상 | 1.8m 이상 |
| 공동주택, 오피스텔 | 1.8m 이상 | 1.2m 이상 |
| 바닥면적 합계 200m² 이상인 경우 | 1.5m 이상 (의료시설 1.8m 이상) | 1.2m 이상 |

(6) 조도기준

| 거실의 용도구분 | 조도구분 | 바닥에서 85센티미터의 높이에 있는 수평면의 조도(룩스) |
|---|---|---|
| 거주 | 독서 · 식사 · 조리 | 150 |
| | 기타 | 70 |
| 집무 | 설계 · 제도 · 계산 | 700 |
| | 일반사무 | 300 |
| | 기타 | 150 |
| 작업 | 검사 · 시험 · 정밀검사 · 수술 | 700 |
| | 일반작업 · 제조 · 판매 | 300 |
| | 포장 · 세척 | 150 |
| | 기타 | 70 |
| 집회 | 회의 | 300 |
| | 집회 | 150 |
| | 공연 · 관람 | 70 |
| 오락 | 오락일반 | 150 |
| | 기타 | 30 |
| 기타 | | 1란 내지 5란 중 가장 유사한 용도에 관한 기준을 적용한다. |

(7) 방습 및 내수 기준

① 건축물의 최하층에 있는 거실바닥의 높이는 지표면으로부터 45센티미터 이상으로 방습하여야 한다. 다만 지표면을 콘크리트바닥으로 설치하는 등 방습을 위한 조치를 하는 경우에는 그러하지 아니하다.

② 다음 욕실 또는 조리장의 바닥과 그 바닥으로부터 높이 1미터까지의 안쪽벽의 마감은 이를 내수재료로 해야 한다.

   ㉠ 제1종 근린생활시설 중 목욕장의 욕실과 휴게음식점의 조리장

   ㉡ 제2종 근린생활시설 중 일반음식점 및 휴게음식점의 조리장과 숙박시설의 욕실

(8) 차면시설

인접 대지경계선으로부터 직선거리 2미터 이내에 이웃 주택의 내부가 보이는 창문등을 설치하는 경우에는 차면시설(遮面施設)을 설치하여야 한다.

(9) 피난안전구역

① 정의

건축물의 피난 안전을 위하여 건축물 중간층에 설치하는 대피공간

② 설치위치

㉠ 초고층 지상층으로부터 30층 이내마다 1개소

㉡ 준초고층 전체 층수 1/2에 해당하는 층 기준 위아래 5개 층 이내 1개소

(10) 피난 옥상광장

① 구조 : 높이 1.2미터 이상의 난간을 설치하여야 한다.

② 설치대상 : 5층 이상인 층이 제2종 근린생활시설 중 공연장·종교집회장·인터넷컴퓨터게임시설제공업소(해당용도 바닥면적 합계 300제곱미터 이상) 문화 및 집회시설(전시장 및 동·식물원은 제외한다), 종교시설, 판매시설, 위락시설 중 주점영업 또는 장례시설의 용도로 쓰는 경우

(11) 비상문자동개폐장치

① 설치대상

피난 옥상 광장을 옥상에 설치해야 하는 건축물 및 피난 용도로 쓸 수 있는 광장을 옥상에 설치하는 다음 각 목의 건축물

㉠ 다중이용 건축물

㉡ 연면적 1천 제곱미터 이상인 공동주택

(12) 출구기준

① 공연장 개별 관람석 출구기준

㉠ 관람실별 2개소 이상

㉡ 출구 유효 너비는 1.5m 이상

ⓒ 개별 관람실 바닥면적100평방미터마다 0.6미터의 비율로 산정한 너비 이상
　② 건축물 출입구에 설치하는 회전문의 설치기준
　　　㉠ 계단이나 에스컬레이터로부터 2m 이상의 거리
　　　㉡ 회전문과 문틀 사이 및 바닥 사이는 다음 각 목에서 정하는 간격을 확보하고 틈 사이를 고무와 고무펠트의 조합체 등을 사용하여 신체나 물건 등에 손상이 없도록 할 것
　　　　• 회전문과 문틀 사이는 5cm 이상
　　　　• 회전문과 바닥 사이는 3cm 이하
　　　ⓒ 출입에 지장이 없도록 일정한 방향으로 회전하는 구조로 할 것
　　　㉣ 회전문의 중심축에서 회전문과 문틀 사이의 간격을 포함한 회전문 날개 끝부분까지의 길이는 140cm 이상이 되도록 할 것
　　　㉤ 회전문의 회전속도는 분당 회전수가 8회를 넘지 아니하도록 할 것
　　　㉥ 자동회전문은 충격이 가해지거나 사용자가 위험한 위치에 있는 경우에는 전자감지장치 등을 사용하여 정지하는 구조로 할 것

⒀ 지하층의 구조
　① 지하층에 설치해야 할 설비
　　　㉠ 거실의 바닥면적이 50제곱미터 이상인 층에는 직통계단 외에 피난층 또는 지상으로 통하는 비상탈출구 및 환기통을 설치할 것 다만 직통계단이 2개소 이상 설치되어 있는 경우에는 제외
　　　㉡ 제2종 근린생활시설 중 공연장·단란주점·당구장·노래연습장, 문화 및 집회시설 중 예식장·공연장, 수련시설 중 생활권수련시설·자연권수련시설, 숙박시설 중 여관·여인숙, 위락시설 중 단란주점·유흥주점 또는 「다중이용업소의 안전관리에 관한 특별법 시행령」 제2조에 따른 다중이용업의 용도에 쓰이는 층으로서 그 층의 거실의 바닥면적의 합계가 50제곱미터 이상인 건축물에는 직통계단을 2개소 이상 설치

ⓒ 바닥면적이 1천 제곱미터 이상인 층에는 피난층 또는 지상으로 통하는 직통계단을 방화구획으로 구획되는 각 부분마다 1개소 이상 설치하되, 이를 피난계단 또는 특별피난계단의 구조로 할 것
ⓔ 거실의 바닥면적의 합계가 1천 제곱미터 이상인 층에는 환기설비를 설치할 것
ⓜ 지하층의 바닥면적이 300제곱미터 이상인 층에는 식수공급을 위한 급수전을 1개소 이상 설치할 것
② 지하층의 비상탈출구 기준(주택 제외)
　㉠ 비상탈출구의 유효너비는 0.75미터 이상으로 하고, 유효높이는 1.5미터 이상으로 할 것
　ⓒ 비상탈출구의 문은 피난방향으로 열리도록 하고, 실내에서 항상 열 수 있는 구조로 하여야 하며, 내부 및 외부에는 비상탈출구의 표시를 할 것
　ⓒ 비상탈출구는 출입구로부터 3미터 이상 떨어진 곳에 설치할 것
　ⓔ 지하층의 바닥으로부터 비상탈출구의 아랫부분까지의 높이가 1.2미터 이상이 되는 경우에는 벽체에 발판의 너비가 20센티미터 이상인 사다리를 설치할 것
　ⓜ 비상탈출구는 피난층 또는 지상으로 통하는 복도나 직통계단에 직접 접하거나 통로등으로 연결될 수 있도록 설치하여야 하며, 피난층 또는 지상으로 통하는 복도나 직통계단까지 이르는 피난통로의 유효너비는 0.75미터 이상으로 하고, 피난통로의 실내에 접하는 부분의 마감과 그 바탕은 불연 재료로 할 것
　ⓗ 비상탈출구의 진입부분 및 피난통로에는 통행에 지장이 있는 물건을 방치하거나 시설물을 설치하지 아니할 것

(14) 무창층
　개구부의 면적이 바닥면적의 1/30 이하인 경우 무창층이다.
　무창층이 아닐 개구부 조건
　① 개구부의 크기가 지름 50cm 이상의 원이 내접
　② 개구부의 밑부분까지 높이가 1.2m 이내일 것

③ 개구부는 도로 또는 차량이 진입할 수 있는 빈터로 향할 것
④ 내부 또는 외부에서 쉽게 파괴 또는 개방될 것

## 4 방화구획(Fire-fighting partition)

(1) 방화구획 정의

화재 시 화염의 확산을 방지하기 위한 건축물 특정 부분과 다른 특정 부분을 내화구조로 된 바닥, 벽 또는 방화문으로 구획하는 것

(2) 대상

주요구조부가 내화구조 또는 불연재료로 된 건축물로서 연면적이 1000m² 이상

(3) 구획

① 10층 이하의 층 바닥면적 1000m²(스프링클러 등 자동식 소화설비를 설치한 경우 바닥면적 3000m²) 이내마다 구획 및 층마다 구획

② 3층 이상의 층과 지하층은 층마다 구획

③ 11층 이상의 층 바닥면적 200m²(스프링클러 등 자동식 소화설비를 설치한 경우 바닥면적 600m²) 이내마다 구획

(4) 방화문과 방화벽

① 방화벽의 구조

㉠ 내화구조로서 홀로 설 수 있는 구조일 것

㉡ 방화벽의 양쪽 끝과 윗쪽 끝을 건축물의 외벽면 및 지붕면으로부터 0.5미터 이상 튀어 나오게 할 것

㉢ 방화벽에 설치하는 출입문의 너비 및 높이는 각각 2.5미터 이하로 하고, 해당 출입문에는 60+ 방화문 또는 60분 방화문을 설치할 것

② 방화문의 구분

㉠ 60분+ 방화문 : 연기 및 불꽃을 차단할 수 있는 시간이 60분 이상이고, 열을 차단할 수 있는 시간이 30분 이상인 방화문

        ⓒ 60분 방화문 : 연기 및 불꽃을 차단할 수 있는 시간이 60분 이상
          인 방화문
        ⓒ 30분 방화문 : 연기 및 불꽃을 차단할 수 있는 시간이 30분 이상
          60분 미만인 방화문

## 02 건축설비 및 에너지 절약 관련법규

### 1 승강기

(1) 승용승강기
  ① 설치대상
    ㉠ 6층 이상으로 연면적 2000$m^2$ 이상인 건축물
      단 층수가 6층인 건축물로서 각층 거실의 바닥면저 300$m^2$ 이내
      마다 1개소 이상의 직통계단을 설치한 건축물은 제외
    ㉡ 높이 31m 초과 건축물 비상용승강기 추가 설치(비상용승강기
      승강장의 바닥면적 대당 6$m^2$ 이상)
  ② 설치대수

| 건축물의 용도 | 6층 이상의 거실 면적의 합계 | 3천 제곱미터 이하 | 3천 제곱미터 초과 |
|---|---|---|---|
| 1 | 가. 문화 및 집회시설(공연장·집회장 및 관람장만 해당한다)<br>나. 판매시설<br>다. 의료시설 | 2대 | 2대에 3천 제곱미터를 초과하는 2천 제곱미터 이내마다 1대를 더한 대수 |

| 건축물의 용도 | | 6층 이상의 거실 면적의 합계 3천 제곱미터 이하 | 3천 제곱미터 초과 |
|---|---|---|---|
| 2 | 가. 문화 및 집회시설(전시장 및 동·식물원만 해당한다)<br>나. 업무시설<br>다. 숙박시설<br>라. 위락시설 | 1대 | 1대에 3천 제곱미터를 초과하는 2천 제곱미터 이내마다 1대를 더한 대수 |
| 3 | 가. 공동주택<br>나. 교육연구시설<br>다. 노유자시설<br>라. 그 밖의 시설 | 1대 | 1대에 3천 제곱미터를 초과하는 3천 제곱미터 이내마다 1대를 더한 대수 |

## 2 배관 및 냉방설비

(1) 건축물 배관설비

① 배관설비 기준

㉠ 배관설비를 콘크리트에 묻는 경우 부식의 우려가 있는 재료는 부식방지 조치할 것

㉡ 건축물의 주요부분을 관통하여 배관하는 경우에는 건축물의 구조내력에 지장이 없도록 할 것

㉢ 승강기의 승강로 안에는 승강기의 운행에 필요한 배관설비 외의 배관설비를 설치하지 아니할 것

㉣ 압력탱크 및 급탕설비에는 폭발 등의 위험을 막을 수 있는 시설을 설치할 것

② 배수용 배관설비 기준

㉠ 배출시키는 빗물 또는 오수의 양 및 수질에 따라 그에 적당한 용량 및 경사를 지게 하거나 그에 적합한 재질을 사용할 것

　　　　ⓛ 배관설비에는 배수트랩·통기관을 설치하는 등 위생에 지장이 없도록 할 것
　　　　ⓒ 배관설비의 오수에 접하는 부분은 내수재료를 사용할 것
　　　　ⓔ 지하실등 공공하수도로 자연배수를 할 수 없는 곳에는 배수용량에 맞는 강제배수시설을 설치할 것
　　　　ⓜ 우수관과 오수관은 분리하여 배관할 것
　　　　ⓗ 콘크리트구조체에 배관을 매설하거나 배관이 콘크리트구조체를 관통할 경우에는 구조체에 덧관을 미리 매설하는 등 배관의 부식을 방지하고 그 수선 및 교체가 용이하도록 할 것

　(2) 건축물의 냉방설비
　　① 상업지역 및 주거지역에서 건축물에 설치하는 냉방시설 및 환기시설의 배기구와 배기장치의 설치기준
　　　　㉠ 배기구는 도로면으로부터 2미터 이상의 높이에 설치할 것
　　　　㉡ 배기장치에서 나오는 열기가 인근 건축물의 거주자나 보행자에게 직접 닿지 아니하도록 할 것
　　　　㉢ 건축물의 외벽에 배기구 또는 배기장치를 설치할 때에는 외벽 또는 다음 각 목의 기준에 적합한 지지대 등 보호장치와 분리되지 아니하도록 견고하게 연결하여 배기구 또는 배기장치가 떨어지는 것을 방지할 수 있도록 할 것
　　　　　• 배기구 또는 배기장치를 지탱할 수 있는 구조일 것
　　　　　• 부식을 방지할 수 있는 자재를 사용하거나 도장(塗裝)할 것

## 3 기타구조

　(1) 방풍구조
　　① 정의 : 출입구에서 실내외 공기 교환에 의한 열 출입을 방지할 목적으로 설치하는 방풍실 또는 회전문 등을 설치한 방식을 말한다.

② 예외
- ㉠ 바닥면적 300m² 이하의 개별 점포의 출입문
- ㉡ 주택의 출입문(기숙사 제외)
- ㉢ 사람의 통행을 주목적으로 하지 않는 출입문
- ㉣ 너비 1.2m 이하의 출입문

(2) 야간단열장치 설치

① 정의 : 창의 야간 열손실을 방지할 목적으로 설치하는 단열셔터, 단열덧문으로서 총열관류저항(열관류율의 역수)이 0.4m²·K/W 이상인 것을 말한다.

(3) 자연채광계획

① 공동주택의 지하주차장은 300m² 이내마다 1개소 이상의 외기와 직접 면하는 2m² 이상의 개폐가 가능한 천장 또는 측창 설치하여야 한다.

② 수영장에는 자연채광을 위한 개구부 설치 1/5 이상

## 4 기계설비 에너지절약 설계기준

(1) 설계용 실내온도 조건

① 실내온도

난방 및 냉방설비의 용량계산을 위한 설계기준 실내온도는 난방의 경우 20℃, 냉방의 경우 28℃를 기준(목욕장 및 수영장은 제외)

㉠ 난방의 경우 20℃, 냉방의 경우 28℃를 기준으로 한다.

② 위생설비등

위생설비 급탕용 저탕조의 설계온도는 55℃ 이하

(2) 에너지절약계획서 작성기준

① 에너지절약계획서 중 에너지성능지표 검토서 적합 판정 65점 이상(공공기관은 74점 이상)

## 5 축냉식 전기냉방설비

(1) 정의

심야시간에 전기를 이용하여 축냉재(물, 얼음 또는 포접화합물과 공융염 등의 상변화물질)에 냉열을 저장하였다가 이를 심야시간 이외의 시간(이하 "그 밖의 시간"이라 한다)에 냉방에 이용하는 설비로서 이러한 냉열을 저장하는 설비(이하 "축열조"라 한다)·냉동기·브라인펌프·냉각수펌프 또는 냉각탑 등의 부대설비를 포함한다.

(2) 구분

① 빙축열식 냉방설비
② 수축열식 냉방설비
③ 잠열축열식 냉방설비

(3) 중앙집중 냉방설비를 설치할 때 심야전기이용

중앙집중 냉방설비를 설치할 때에는 해당 건축물에 소요되는 주간 최대 냉방부하의 60% 이상을 심야전기를 이용한 축냉식, 가스를 이용한 냉방방식, 집단에너지사업허가를 받은 자로부터 공급되는 집단에너지를 이용한 지역냉방방식, 소형 열병합발전을 이용한 냉방방식, 신재생에너지를 이용한 냉방방식, 그 밖에 전기를 사용하지 아니한 냉방방식의 냉방설비로 수용하여야 한다.

※ 심야시간 23:00 ~ 익일 09:00까지

(4) 축냉식 전기냉방설비 설치기준

(축냉식 전기냉방의 설치) 제4조의 규정에 따라 축냉식 전기냉방으로 설치할 때에는 축열률 40% 이상인 축냉방식으로 설치하여야 한다.

※ 열교환기는 시간당 최대냉방열량을 처리할 수 있는 용량으로 하여야 한다.

## CHAPTER 02 소방법규

### 01 소방관련법규

**1 소방안전관리자**

(1) 소방안전관리자 자격
  ① 특급 소방안전관리자 자격
    ㉠ 소방기술사 또는 소방시설관리사의 자격이 있는 사람
    ㉡ 소방설비기사의 자격을 취득한 후 5년 이상 1급 소방안전관리대상물의 소방안전관리자로 근무한 실무경력자
    ㉢ 소방설비산업기사의 자격을 취득한 후 7년 이상 1급 소방안전관리대상물의 소방안전관리자로 근무한 실무경력자
    ㉣ 소방공무원으로 20년 이상 근무한 자
  ② 1급 소방안전관리자 자격
    ㉠ 소방설비기사 또는 소방설비산업기사 자격 자
    ㉡ 산업안전기사 자격 취득 후 2년 이상 소방안전관리 관한 실무를 가진 자
    ㉢ 소방공무원으로 7년 이상 근무한 경력자
    ㉣ 위험물 관련 자격증 가진 사람
    ㉤ 안전관리자로 선임된 사람
    ㉥ 전기안전관리자로 선임된 사람
  ③ 소방안전관리자를 두어야 하는 특정소방대상물
    ㉠ 특급 소방안전관리대상물
      • 30층 이상
      • 건물높이 120m 이상
      • 연면적 200000$m^2$ 이상

ⓒ 1급 소방안전관리 대상물
- 연면적 15000m² 이상인 것
- 층수가 11층 이상인 것
- 가연성 가스를 1000톤 저장 취급하는 시설

## 2 소방시설의 구분

(1) 소화설비 : 물 또는 그 밖의 소화약제를 사용하여 소화하는 기계·기구 또는 설비로서 다음 각 목의 것

① 소화기구
ⓐ 소화기
ⓑ 간이소화용구 : 에어로졸식 소화용구, 투척용 소화용구, 소공간용 소화용구 및 소화약제 외의 것을 이용한 간이소화용구
ⓒ 자동확산소화기

② 자동소화장치
ⓐ 주거용 주방자동소화장치
ⓑ 상업용 주방자동소화장치
ⓒ 캐비닛형 자동소화장치
ⓓ 가스자동소화장치
ⓔ 분말자동소화장치
ⓕ 고체에어로졸자동소화장치

③ 옥내소화전설비[호스릴(hose reel) 옥내소화전설비를 포함한다]

④ 스프링클러설비등
ⓐ 스프링클러설비
ⓑ 간이스프링클러설비(캐비닛형 간이스프링클러설비를 포함한다)
ⓒ 화재조기진압용 스프링클러설비

⑤ 물분무등소화설비
　㉠ 물분무소화설비
　㉡ 미분무소화설비
　㉢ 포소화설비
　㉣ 이산화탄소소화설비
　㉤ 할론소화설비
　㉥ 할로겐화합물 및 불활성기체(다른 원소와 화학반응을 일으키기 어려운 기체를 말한다. 이하 같다) 소화설비
　㉦ 분말소화설비
　㉧ 강화액소화설비
　㉨ 고체에어로졸소화설비
⑥ 옥외소화전설비

(2) 경보설비

화재발생 사실을 통보하는 기계·기구 또는 설비로서 다음 각 목의 것

① 단독경보형 감지기
② 비상경보설비
　㉠ 비상벨설비
　㉡ 자동식사이렌설비
③ 자동화재탐지설비
④ 시각경보기
⑤ 화재알림설비
⑥ 비상방송설비
⑦ 자동화재속보설비
⑧ 통합감시시설
⑨ 누전경보기
⑩ 가스누설경보기

(3) 피난구조설비 : 화재가 발생할 경우 피난하기 위하여 사용하는 기구 또는 설비로서 다음 각 목의 것
  ① 피난기구
    ㉠ 피난사다리
    ㉡ 구조대
    ㉢ 완강기
    ㉣ 간이완강기
    ㉤ 그 밖에 화재안전기준으로 정하는 것
  ② 인명구조기구
    ㉠ 방열복, 방화복(안전모, 보호 장갑 및 안전화를 포함한다)
    ㉡ 공기호흡기
    ㉢ 인공소생기
  ③ 유도등
    ㉠ 피난유도선
    ㉡ 피난구유도등
    ㉢ 통로유도등
    ㉣ 객석유도등
    ㉤ 유도표지
  ④ 비상조명등 및 휴대용비상조명등
(4) 소화용수설비 : 화재를 진압하는 데 필요한 물을 공급하거나 저장하는 설비로서 다음 각 목의 것
  ① 상수도소화용수설비
  ② 소화수조 · 저수조, 그 밖의 소화용수설비
(5) 소화활동설비 : 화재를 진압하거나 인명구조활동을 위하여 사용하는 설비로서 다음 각 목의 것
  ① 제연설비
  ② 연결송수관설비
  ③ 연결살수설비

④ 비상콘센트설비
⑤ 무선통신보조설비
⑥ 연소방지설비

### 3 소방시설

(1) 소화기
  ① 소화기 설치대상
    ㉠ 연면적 33m² 이상
    ㉡ 지정문화재 및 가스시설
  ② 주방용 자동화소화기 설치대상
    ㉠ 아파트 및 30층 이상 오피스텔

(2) 옥내소화전 설비
  ① 설치대상
    ㉠ 연면적 3000m² 이상인 소방대상물 이거나 지하층, 무창층 또는 층수가 4층 이상인 층 중 바닥면적이 600m² 이상인 층은 전 층
    ㉡ 근린생활시설, 위락시설, 판매시설, 복합건축물 1500m² 이상이거나 지하층, 무창층 또는 층수가 4층 이상인 층 중 바닥면적이 300m² 이상인 층은 전 층
    ㉢ 지하가 중 터널길이 1000m 이상인 것
    ㉣ 지정수량 750배 이상의 위험물
    ㉤ 주차용도로 사용되는 바닥면적 200m²

(3) 스프링클러 설비
  ① 문화 및 집회시설로 수용인원 100인 이상
  ② 판매시설, 운수시설 및 창고시설 중 물류터미널 중
    ㉠ 층수가 3층 이하인 건축물 6000m² 이상
    ㉡ 층수가 4층 이하인 건축물 5000m² 이상
    ㉢ 수용인원 500인 이상

③ 층수가 11층 이상인 특정소방대상물

④ 지하가 연면적 1000m² 이상

⑤ 복합건축물 5000m² 이상

(4) 비상경보 설비

① 연면적 400m² 이상인 것

② 지하층 또는 무창층의 바닥면적 150m² 이상
(공연장의 경우 100m²)

③ 지하가로 터널길이 500m 이상인 것

④ 50명 이상의 근로자가 작업하는 옥내작업장

(5) 비상조명등

① 지하층을 포함하는 층수가 5층 이상인 건축물로 연면적 3000m² 이상인 것

② 지하층 무창층의 바닥면적 450m² 이상인 것

③ 지하가 중 터널길이 500m 이상인 것

(6) 인명구조기구

① 지하층을 포함하는 층수가 7층 이상인 관광호텔 및 5층 이상인 병원에 설치

(7) 소화용수설비(설치대상)

① 연면적 5000m² 이상인 것

② 가스시설로 지상에 노출된 탱크의 저장용량 100톤 이상인 것

## 4 방염

(1) 방염대상 및 기준

① 방염대상 : 방염성능기준 이상의 실내장식물 등을 설치해야 하는 특정소방대상물

㉠ 근린생활시설 중 의원, 조산원, 산후조리원, 체력단련장, 공연장 및 종교집회장

ⓒ 건축물의 옥내에 있는 다음 각 목의 시설
　　　• 문화 및 집회시설
　　　• 종교시설
　　　• 운동시설(수영장은 제외한다)
　　ⓒ 의료시설
　　② 교육연구시설 중 합숙소
　　⑩ 노유자 시설
　　⑪ 숙박이 가능한 수련시설
　　⑭ 숙박시설
　　⑯ 방송통신시설 중 방송국 및 촬영소
　　㉓ 「다중이용업소의 안전관리에 관한 특별법」 제2조 제1항 제1호에 따른 다중이용업의 영업소(이하 "다중이용업소"라 한다)
　　㉛ 제1호부터 제9호까지의 시설에 해당하지 않는 것으로서 층수가 11층 이상인 것(아파트등은 제외한다)
② 방염물품
　　㉠ 창문에 설치하는 커튼류
　　ⓒ 카페트, 두께가 2mm 미만인 벽지류(종이벽지 제외)
　　ⓒ 전시용 합판 또는 섬유판, 무대용 합판 또는 섬유판
　　② 암막, 무대막
③ 방염성능기준
　　㉠ 버너의 불꽃을 제거한 때부터 불꽃을 올리며 연소하는 상태가 그칠 때까지 시간은 20초 이내일 것
　　ⓒ 버너의 불꽃을 제거한 때부터 불꽃을 올리지 않고 연소하는 상태가 그칠 때까지 시간은 30초 이내일 것
　　ⓒ 탄화(炭化)한 면적은 50제곱센티미터 이내, 탄화한 길이는 20센티미터 이내일 것
　　② 불꽃에 의하여 완전히 녹을 때까지 불꽃의 접촉 횟수는 3회 이상일 것

모아바 www.moa-ba.com
모아소방전기학원 www.moate.co.kr

# 04 PART

건축설비(산업)기사
엑기스 요약집

# 건축일반 및 건축환경

# CHAPTER 01 건축일반 및 건축계획

## 01 건축계획 일반

### 1 건축 프로세서

(1) 프로세서
목표설정 → 정보자료수집 → 조건설정 → 모델화 → 평가 → 계획 결정

(2) 공사진행과정
기획 → 조건 파악 → 기본설계 → 실시 설계 → 시공 완료 → 인도 접수

(3) 모듈(Module) : 척도 혹은 기준치수를 말하며, 건축의 생산수단으로서 기준치수의 집성이다.

　예 기본 모듈 : 기준 척도를 10cm로 하고, 이것을 1M(엠)으로 표시하여 모든 치수의 기준으로 한다.

(4) POE(Post Occupancy Evaluation) : 건축물 완공 후 수 년 동안 사용 중인 건축물의 본래 기능을 제대로 수행하고 있는지 여부를 종합적 방법(인터뷰, 현지답사, 관찰 및 기타 방법)을 이용하여 사용자 반응을 진단 연구하는 과정

(5) 건축척도조정(M.C, Modular Coordination) : 구성재의 크기를 정하기 위한 치수의 조정을 말하는데 이를 사용하여 건축에 사용되는 재료를 규격화하는 것으로 건축 척도의 조정이라 함

① 지역성을 최대한 고려
② 건물의 종류에 따라 그 성격에 맞추어 모듈을 정함
③ 가능한 국제적 M.C에 맞도록 함
④ M.C화되더라도 설계의 자유도를 높여야 함

(6) 동선계획

① 동선의 3요소 : 속도, 빈도, 하중

② 빈도 높은 동선은 짧고, 단순, 명하여야 함

③ 서로 다른 종류의 동선은 분리

④ 개인권, 사회권, 가사 노동권은 서로 독립성 유지

※ 공간과 동선은 상호요소가 다른 것은 서로 격리시킨다.

예 식당과 침실은 분리, 응접실과 객실은 현관에서 가까이 배치, 농촌주택에서 주생활 공간과 농작업 공간은 절대적으로 분리되어야 함

## 02 주거 및 대지계획

### 1 코어계획

(1) 평면코어 계획 : 특정 부분을 한 부분에 집약시켜 집중화와 내력벽의 역할에 따라 구조적인 이점을 기대 하는 방식

① 평면적 역할(평면적 코어 주 역할) : 공용부분(계단 등)을 한곳에 집약시켜 유효면적 증대

② 구조적 역할 : 주 내력벽 구조체로 외곽이 내진벽 역할을 하여 결과적인 유효면적 등대

③ 설비적 역할 : 설비계통을 집약시켜 설비계통거리 최단거리 공사비 절약

(2) 중심코어 계획 : 바닥면적이 클 경우 적합한 계획으로 임대사무실로서 가장 경제적인 계획으로 고층, 초고층의 내진구조에 적합하나 획일적으로 되기 쉬움

① 양단코어(분리 코어형) : 2방향 피난에 이상적(소방안전관리상 유리)한 개의 대공간을 필요로 하는 사무실에 적합

## 2 양식에 따른 계획

(1) 한식주거과 양식주거

　① 한식 : 은폐적 실의 조합, 위치별 실의 구분, 목조식, 실의 용도는 다용도, 좌식, 가구는 부차적 존재

　② 양식 : 개방적 실의 분화, 기능별 분화, 벽돌조적식, 실의 용도는 단일용도, 입식, 가구는 중요 내용물

(2) 주택설계의 신방향 : 가족본위의 주거, 가사노동 경감(주부의 동선단축)

(3) 1인당 주거면적 : 최소 $-10m^2$(실용 $- 6m^2$, 지원 $- 4m^2$), 표준 $-16.5m^2$

(4) 각 실의 면적 구성비 : 현관 $- 7\%$, 복도 $- 10\%$, 거실 $- 30\%$, 부엌 $- 8\%$ 부엌

## 3 부엌

(1) 부엌의 개념

　① 다이닝 키친 : 부엌 + 식당

　② 다이닝 엘코브 : 거실 + 식당

　③ 리빙키친 : 거실 + 식당 + 부엌

(2) 부엌의 계획 순서

　① 개수대(싱크) - 조리대 - 가열대 - 배선대

(3) 부엌의 삼각형

　① 냉장고, 개수대, 조리대를 잇는 삼각형 길이 3.6 ~ 6.6m 최단변은 개수대와 조리대 사이(1.2 ~ 1.8m)

## 4 대지계획

(1) 대지 안 공지 : 정북(正北) 방향으로의 인접 대지경계선으로부터 다음 거리 범위에서 지자체 건축 조례로 정하는 거리 이상을 띄어 건축

　① 건축 높이 9미터 이하인 부분 : 인접 대지경계선으로부터 1.5미터 이상

② 건축높이 9미터를 초과하는 부분 : 인접 대지경계선으로부터 해당 건축물 각 부분 높이의 2분의 1 이상

(2) 인동간격 : 인접한 동과의 간격

① 남북간 : 일조를 위해 동지 때 기준 최소 4시간 이상 6시간이 이상적

② 동서간 : 통풍, 방화(연소방지상) 최소 6m 이상

(3) 공동주택의 인동간격 결정요소

① 일조 : 가장 중요한 요소로 동지 때 최소 4시간 이상이어야 함

② 통풍, 연소방지

③ 시각적 개방감

④ 시각적 간섭에 안전

⑤ 소음 전달 방지

⑥ 쾌적한 옥외 공간 확보

## 03 공동주택

### 1 아파트의 형식

(1) 복도형

① 편복도형 : 긴 복도에 의해 각 호수로 출입(복도식)

㉠ 장점 : 거주성 우수 고층아파트 적합, 통풍·채광 양호, 승강기 이용률을 높일 수 있음

㉡ 단점 : 프라이버시가 침해되기 쉬움, 복도 폐쇄 시 통풍·채광 불리, 고층아파트 경우 난간이 높아야 함

② 중복도형 : 긴복도에 의해 양호수로 출입

㉠ 장점 : 소규모 토지에 많은 인원 수용

㉡ 단점 : 통풍, 채광 불리

(2) 계단실형 : 독립성이 좋고 건물의 이용도(통행에 유리)가 높지만 초기 시설비가 많음

(3) 복층형 : 독립성이 좋음

(4) 집중형 : 독립성이 나쁘고 채광 및 통풍 불리하고 시설비가 많다. 그러나 부지의 이용률은 가장 높음

(5) 블록 플랜
  ① 2면 이상 외기에 면할 것
  ② 중요실이 모퉁이에 배치되지 않도록 할 것
  ③ 중요실의 환경은 균등 할 것
  ④ 모퉁이에서 다른 중요실을 들여다보지 않을 것

(6) 엘리베이터
  ① 1대당 50 ~ 100호가 적당
  ② 대수산정 가정조건
    ㉠ 2층 이상 거주자의 30%를 15분간 일방 수송
    ㉡ 1인의 승강 필요시간은 문의 개폐시간 포함 6초
    ㉢ 한 층에서 승객을 기다리는 시간은 평균10초
    ㉣ 실제 주행속도는 전 속도의 80%
    ㉤ 정원의 80%를 수송인원으로 봄

## 04 업무시설

### 1 유효율과 바닥면적

(1) 유효율(렌터블비)
  ① 연면적에 대한 대실면적의 비율
  ② 전체건물에 대해 70 ~ 75%
  ③ 기준층에서는 80%

(2) 1인당 바닥면적 기준

① 기준 : 사무원 수(은행 : 은행원 수, 학교 : 학생 수, 병원 : 침대 수, 호텔: 객실 수)

② 대실면적당 : 5.5 ~ 6.5m$^2$

③ 연면적당 : 8 ~ 11m$^2$

### 2 오피스 랜드스케이프

(1) 오피스 랜드스케이프 : 계급, 서열에 의한 수직적이며 획일적인 배치를 배척하고 사무의 흐름이나 작업의 성격을 중시하는 계획으로 능률 우선 배치한 개방식 방법, 공간의 절약, 공사비 절약이 가능하나 독립성은 떨어진다.

① 장점 : 작업 패턴에 따른 컨트롤 가능, 사무실 내에 인간관계 상승, 작업능률 향상

② 단점 : 소음발생

(2) 화장실 : 건물의 내부자 및 방문자를 위한 것으로 잘 알려질 수 있는 위치에 배치

(3) 승강기

① 승강기는 중앙 집중배치

② 직선배치 4대 이하, 병렬배치 4m 내외

③ 승강기와 피난계단 및 화장실은 가급적 근접

④ 승강기는 1인당 0.5 ~ 0.8m$^2$하고 폭은 4m

(4) 엘리베이터 약식산출

① 대실면적(유효면적) 2000m$^2$당 1대

② 연면적 3000m$^2$당 1대

(5) 기둥간격
   ① 철근 콘크리트 : 6m      ② 철골 철근콘크리트 : 7m
   ③ 철골조 : 8m            ④ P.S : 15m
(6) 기둥간격 결정요소
   ① 책상배치 단위, 채광 단위, 주차 배치단위

## 05 판매시설

### 1 상점

(1) 구성의 방법(AIDMA 효과) : 주의(A), 흥미(I), 욕망(D), 기억(M), 행동(A)
(2) 판매형식
   ① 대면판매 : 고객 - 진열장 - 종업원, 진열장을 사이에 두고 상담 판매(설명용이, 포장 편리, 진열면적 감소)
(3) 진열장의 직선배열형
   ① 고객의 흐름이 빨라 부분별 상품 진열이 용이하고 대량 판매 형식도 가능
(4) 동선
   ① 손님의 동선 길게, 종업원 동선은 짧게 함
   ② 동선은 서로 겹치지 않으며, 종업원과 손님의 시선이 직접 마주치지 않도록 함
(5) 상점 대지 선정조건
   ① 교통이 편리한 곳(15 ~ 20분 전후)
   ② 도로에 면한 곳으로 2면 이상 도로에 접할 것
   ③ 대지의 형은 전면 폭과 안 깊이가 1 : 2인 것

(6) 진열장 배치 고려사항
　① 감시하기 쉬우나 고객에게는 감시하는 인상을 주지 않도록 함
　② 고객과 직원의 시선이 마주치지 않도록 함
(7) 진열창(쇼윈도우)의 눈부심 현상방지
　① 주간 시 : 외부조도가 내부의 조도보다 10 ~ 30배 정도 더 밝을 때 반사가 생김
　② 외부보다 내부를 더 밝게 해야 함
　③ 차양을 달아 외부에 그늘을 줌
　④ 유리면을 경사지게 하고, 특수한 곡면 유리를 사용함
　⑤ 건너편의 건물이 비치는 것을 방지하기 위해 가로수를 심음
(8) 에스컬레이터의 특징
　① 장점
　　㉠ 수송력에 비해 점유 면적이 적음(승객용 승강기의 1/4 ~ 1/5 정도)
　　㉡ 인력이 절약됨
　　㉢ 고객으로 하여금 기다리지 않게 함(매장을 바라보며 승하강)
　② 단점
　　㉠ 설비비가 고가
　　㉡ 층고와 보의 간격에 제약

## 06 학교시설

### 1 교지, 교사(校舍)

(1) 교지의 형태
　① 비율 장변 : 단변 = 4 : 3

(2) 교지의 면적

　① 초등학교 : 12학급 이하 20m², 13학급 이상 15m²

　② 중학교 : 480명 이하 30m², 481명 이상 25m²

　③ 고등학교 : 인문계 70m², 실업계 110m²

　④ 대학교 : 60m²

(3) 교사의 배치

　① 폐쇄형

　　㉠ 운동장 남쪽에 확보 부지의 북쪽에서 건축하기 시작해 'ㄴ'자에서 'ㅁ'자로 완결

　　㉡ 부지의 효율적인 이용이 가능하나 화재 및 비상시에 불리

　　㉢ 일조, 통풍 등 환경조건이 불균등

　　㉣ 운동장 소음이 큼

　　㉤ 교사 주변에 활용되지 않는 부분이 많아짐

　② 분산 병렬형

　　㉠ 일조, 통풍 등 교실의 환경 조건이 균등

　　㉡ 구조계획이 간단, 규격형의 이용이 편리

　　㉢ 건물 사이에 여유 공간이 생겨 환경이 좋아짐

　　㉣ 넓은 부지가 필요함

　　㉤ 편복도 시 복도 면적이 너무 크고 길어지며, 단순하여 유기적 구성이 어려움

(4) 학생 1인당 교사면적

　① 초등학교 : 3.3 ~ 4.0m²

　② 중학교 : 5.5 ~ 7.0m²

　③ 고등학교 : 7.0 ~ 8.0m²

　④ 대학교 : 16m² 이상

(5) 교지면적은 교사 면적의 2.0 ~ 2.5배가 필요하며, 통로계통의 점유면적은 교사면적의 30%

(6) 이용률

   = 교실이 사용되고 있는 시간 / 1주간의 평균수업시간 × 100(%)

(7) 순수율

   = 일정교과를 위해 사용되는 시간 / 그 교실이 사용되는 시간 × 100(%)

(8) 학교 운영 방식

   ① 종합교실형(A)

   　㉠ 교실수는 학급수와 일치

   　㉡ 학생의 이동은 없음

   　㉢ 초등학교 저학년에 적당

   ② 일반교실 + 특별교실형(U + V)

   　㉠ 일반교실이 각 학급에 하나, 기타 특별 교실 운영

   　㉡ 특별교실을 확충하면 일반교실의 이용률이 낮아져 비경제적

   ③ 교과교실형(v)

   　㉠ 모든 교실이 특정 교과를 위해 만들어지고 일반교실은 없음

   　㉡ 순수율은 높으나 이용률이 반드시 높은 것은 아님

   　㉢ 학생의 이동이 많음

   　㉣ 이동시 소지품을 두는 곳(사물함)에 대한 고려 필요

(9) 블록 플랜

   ① 저학년은 다른 접촉과 되도록 적게, 출입구는 따로 함

   ② 일반교실과 특별 교실을 분리하는 것이 좋음

   ③ 특별 교실군은 교과 내용에 대한 융통성, 보편성, 학생의 이동시의 소음 방지를 검토하여 배치

(10) 채광계획

   ① 채광의 유리창 면적은 교실 면적의 1/10 이상, 조명은 칠판의 조도가 책상면 조도보다 높아야 함

   ② 채광은 자연채광, 인공조명은 보조

   ③ 칠판의 조도가 책상면의 조도보다 높아야 함

   ④ 학생이 앉았을 때 채광은 왼쪽

(11) 실의 조도 : Lx

| 명칭 | 최저 | 최장 |
|---|---|---|
| 제봉, 제도등 정밀을 필요로 하는 방 | 100 | 200 |
| 교실, 도서실, 공작실 등 | 50 | 120 |
| 강당, 집회, 식당 | 20 | 100 |
| 복도, 계단, 화장실 | 10 | 40 |

(12) 1인당 강당의 소요면적

① 초등학교 : $0.4m^2$

② 중학교 : $0.5m^2$

③ 고등학교 : $0.6m^2$

(13) 계단의 보행거리 : 내화구조 일 때 50m 이내, 비내화구조일 때 30m 이내

(14) 체육관

① 농구코트기준

② 최소 400 ~ $500m^2$

③ 강당과 겸용이 가능

(15) 서고

① 도서 보존을 위해 자연채광은 어두운 편이 좋고 인공조명과 기계환기로 방진, 방온, 방습과 함께 세균의 침입을 막음

② 열람실과 서고는 인접하는 것이 좋음

## 07 숙박시설

### 1 호텔

(1) 리조트 호텔
  ① 리조트 호텔 : 피서 및 휴양을 위한 호텔
    ㉠ 해변 호텔    ㉡ 산장 호텔    ㉢ 온천 호텔
    ㉣ 스키 호텔    ㉤ 스포츠 호텔   ㉥ 클럽 하우스
  ② 리조트 호텔 조건
    ㉠ 수량이 풍부하고 수질이 좋은 수원이 있을 것
    ㉡ 자연재해 위험이 없고 계절풍 대비가 된 곳
    ㉢ 관광지 성격을 충분히 이용할 수 있는 곳

(2) 시티호텔(City Hotel) : 도시의 시가지에 위치, 고층
  ① 커머셜 호텔(비즈니스 주체)
  ② 레지던셜 호텔(여행자나 관광객의 단기체제용)
  ③ 아파트먼트 호텔(장기 체제, 부엌과 셀프서비스 시설)
  ④ 터미널 호텔(터미널, 철도역, 항만, 공항 호텔)

(3) 기타
  ① 유스 호스텔 : 청소년 활동을 위한 숙소

## 08 의료기관

### 1 병원

(1) 병원의 분류
  ① 분관식(Pavilion Type)
    ㉠ 평면 분산식으로 각 건물은 3층 이하의 저층
    ㉡ 외래부, 부속진료부, 병동을 별동으로 분산

　　　　ⓒ 각 실을 남향으로 할수 있어 일조, 통풍조건 유리

　　　　ⓔ 넓은 부지가 필요, 보행거리가 멈

　　② 집중식(Block Type)

　　　　㉠ 외래부, 부속진료부, 병동을 합쳐서 한 건물로 하고 병동은 고층으로 함

　　　　ⓛ 일조, 통풍 등의 조건이 불리해지며 각 병실의 환경이 균일하지 못함

　　　　ⓒ 관리가 편리하고 설비등 의 시설비가 적게 듬

(2) 병실의 조건 : 병원의 규모 결정은 병실마다 환자 인원의 병상수

　　① 면적에 따른 병상수

　　　　㉠ 건물연면적에 대해 43 ~ 66$m^2$/bed

　　　　ⓛ 병동면적에 대해 20 ~ 27$m^2$/bed

　　　　ⓒ 병실면적에 대해 10 ~ 13$m^2$/bed

　　② 병실의 크기 : 1인용실 6.3$m^2$ 이상, 2인용실 8.6$m^2$ 이상

　　③ 안여닫이에 외여닫이문으로 폭 1.1m 이상, 창문 높이는 90cm 이하

　　④ 총실(경환자) : 개실(중환자)의 비 = 4:1 ~ 3:1

　　⑤ 간호사 보행거리 24m 이내

(3) 수술실

　　① 양여닫이로 하며 1.5m 폭, 손잡이는 팔꿈치 조작식, 자동문이며 내부를 볼 수 있는 작은 구멍설치

　　② 정전에 대비하여 예비전원설비 설치

　　③ 실내벽 재료는 피의 보색인 녹색타일

　　④ 대수술실 6 × 6m, 소수술실 4.5 × 4.5m

(4) 응급실 : 응급실 등 구급부는 수술실이 있는 중앙진료부에 연결

(5) 노인병원 간호공간 : 행동장애와 합병증세 등의 복합성을 보완하기 위하여 중앙에서 전체를 보며 통제할 수 있는 구성이 필요

# 09 구조 일반

## 1 기초

(1) 아치와 볼트

① 아치(Arch) : 벽돌을 곡면 형태로 쌓아 올려 만드는 구조체. 수직하중이 중심선을 따라 각도로 분배되어 부재 하부에 인장력이 아닌 압축력이 생기며, 비슷한 구조로 볼트가 있음

② 볼트(Valut) : 석재나 벽돌 등 비교적 무거운 건축재료를 사용해서 입체적으로 만든 천장, 아치의 구조형태를 입체적으로 확장된 형태

(2) 기초판 형식에 의한 분류

① 독립 기초 : 한 개의 기초판에 한 개의 기둥지지(철근콘크리트 구조에 적용)

② 복합 기초 : 한 개의 기초판에 두 개 이상 기둥지지(조적구조에 적용)

③ 줄(연속) 기초 : 벽또는 일렬의 기둥을 대형의 기초판으로 받침

④ 온통 기초 : 건물 하부 전체를 기초판으로 형성(연약한 지반에 적용)

(3) 말뚝의 간격(말뚝의 최소 중심간격으로 다음 중 큰 값)

① 나무말뚝 : 말뚝머리직경의 2.5배 이상과 60cm 이상

② 기성콘크리트말뚝 : 말뚝머리지름의 2.5배 이상과 75cm 이상

③ 강재말뚝 : 말뚝머리직경 또는 폭의 2.5배(폐단강단말뚝 : 2.5배) 이상과 75cm 이상

④ 현장타설콘크리트말뚝 : 말뚝머리직경의 2.5배 이상과 말뚝머리직경에 1m를 더한 값 이상

(4) 지내력도(KN) : 지반이 지지할 수 있는 하중

$$\frac{축하중(KN)}{기초판면적(m^2)} = 지내력도(KN)$$

(5) 지반 허용지내력도 순서 : 경암반 > 연암반 > 자갈 > 모래 > 점토

(6) 부동침하

① 원인
  ㉠ 증축, 연약지반, 연약지반 두께 차이
  ㉡ 수위변화
  ㉢ 경사지반, 이질지반
  ㉣ 인근터파기, 매설물
  ㉤ 기초제원의 차이, 다른 기초

② 대책
  ㉠ 지반 : 연약지반 개량, 경질지반 지지, 지하수위 변동방지
  ㉡ 기초 : 이질지반 시 복합기초 시공, 동일지반 시 통합기초 시공, 마찰말뚝 시공
  ㉢ 구조물 : 건축물 경량화, 평면의 길이단축, 지하실 설치, 건축물의 균등 중량, 상부구조물 강성증대

## ⑩ 재료에 따른 구조

### 1 벽돌구조

(1) 조적식 구조 : 조적식 구조-내력벽식 구조(Bearing Wall Constructure)의 일종으로서 유사한 패턴의 벽돌을 목적에 맞게 축조하는 구조물

① 장점
  ㉠ 건축계획상의 다양성의 충족
  ㉡ 건축 의장적 장점
  ㉢ 역학적 장점
  ㉣ 관리상의 유리함
  ㉤ 관습적 친근함
  ㉥ 시공의 간편함이 있다.

② 단점
　　㉠ 횡력에 약하여 고층 건축물에는 부적당
　　㉡ 벽체의 두께가 두꺼워 실내의 면적이 줄어듦
(2) 벽돌 구조의 두께 : 벽돌의 길이 단위로 표시
(3) 벽돌쌓기
　　① 시멘트 벽돌쌓기 전 물에 담그며, 양생 중에는 물을 뿌림(모르타르의 수분 흡수 방지를 하여 몰탈과 고착을 하기 위함이다).
　　② 하루 쌓는 높이는 1.2m 이하 ~ 최대 1.5m
　　③ 줄눈의 폭은 10mm가 표준, 치장줄눈의 깊이는 6mm
(4) 기본배합비
　　① 기본 배합비는 시멘트 : 모래 = 1 : 3
　　② 벽돌쌓기 모르타르 1 : 2 ~ 1 : 3
　　③ 치장줄눈 모르타르 1 : 1
(5) 쌓기
　　① 가장 튼튼한 쌓기 : 영식쌓기
　　② 불식쌓기 : 메켜에 길이쌓기와 마구리쌓기가 번갈아 나오게 쌓는 것으로 통줄눈이 생겨 구조적으로 튼튼하지 못함
　　③ 화란식쌓기 : 벽의 끝이나 모서리에 토막을 사용한다. 작업이 용이하고 모서리가 튼튼함
(6) 공간쌓기 : 벽 중간에 공간을 두고 쌓는 방식으로 방습, 방한, 방서, 방염 등을 위한 방법
(7) 조적조 내력벽
　　① 3층 이하 건물 최상층의 내력벽 높이는 4m 이하
　　② 내력벽 길이는 10m 이하
　　③ 내력벽 부분 바닥면적은 $80m^2$ 이하

(8) 조적조 내력벽 두께

2층 이상 건축물 내력벽은 바닥면적 $60m^2$ 넘을 때 다음 표 두께 이상으로 해야 함

| 층별 \ 층수 | 1층 | 2층 | 3층 |
|---|---|---|---|
| 1층 | 19cm | 29cm | 39cm |
| 2층 | | 19cm | 29cm |
| 3층 | | | 19cm |

(9) 백화현상

① 원인

　㉠ 1차 백화 : 배합비 불량(물의 양이 많음)

　㉡ 2차 백화 : 시공 부실 등 수분이 외부로부터 침투한 경우

② 방지법

　㉠ 잘 구워진 벽돌 사용

　㉡ 흡수율이 낮은(10% 이하) 양질 벽돌 사용

　㉢ 빗물막이 설치

　㉣ 줄눈 방수제 사용

　㉤ 벽면 실리콘 방수

　㉥ 벽 표면에 파라핀 도료 사용하여 염류 유출 방지

## 2 보강콘크리트 블록조 내력벽

내력벽이 교차하는 곳에 개구부는 만들지 않는다. 내력벽의 높이 제한은 4m 이하

(1) 벽량

① 벽량은 내력벽의 전체길이[cm]를 합한 것을 그 층의 바닥면적[$m^2$]으로 나눈 값

$$\frac{벽의 길이(cm)}{바닥면적(m^2)} = 벽량(cm/m^2)$$

② 벽량은 구조적 견고함을 나타내며, 벽두께 보다 바닥 면적당 벽의 길이를 길게 하여 벽량을 증가시키는 것이 구조적으로 더 견고함

### 3 석재, 석구조

가공 및 시공이 까다롭고 공기가 길다.

(1) 석재 가공 순서

① 메다듬(혹두기) → 정다듬 → 도드락다듬 → 잔다듬 → 물갈기

(2) 석재 붙이기 공법

① 습식 공법

② 건식 공법

③ GPC 공법(선부착 PC 공법) : 고층 건물 외벽에 석재 붙이기

※ GPC 공법은 화강석판에 거푸집에 배치하고 콘크리트(Concrete)를 타설하여 마감재인 화강석판을 외부에 설치한 P.C 부재를 공장에서 만들어 현장에서 설치·부착·조립하는 공법

### 4 철근콘크리트구조

압축응력은 콘크리트가 유리하고, 인장응력은 철근이 유리하여 상호 보완을 통해 압축응력과 인장응력이 모두 유리하게 타설된다.

(1) 철근과 콘크리트의 부착력 성질 : 철근의 단면모양과 표면 상태에 따라 부착력 차이가 있음

① 가는 철근을 많이 쓴다 → 표면적이 크다 → 콘크리트 부착력이 증대

② 부착력은 철근의 길이에 비례

③ 콘크리트의 압축강도가 클수록 부착력이 큼

(2) 격리재, 긴장재, 간격재

① 격리재(Seperator)

㉠ 거푸집 상호 간 간격 유지, 오그라듬 방지

②　긴장재(Form-Tie)
　　㉠ 거푸집 형태 유지, 벌어짐 방지
③　간격재(Spacer)
　　㉠ 철근과 거푸집 간격 유지
④　박리제
　　㉠ 콘크리트와 거푸집의 탈거할 때 용이
(3) 나선철근 : 원형, 다각형 기둥에서 주근 주위를 나선형으로 돌려 감는 철근
(4) 띠철근(대근) : 기둥 주근의 하중에 따른 굽어짐을 방지하며, 수평력에 대한 전단력에 저항
(5) 철근콘크리트보에서 늑근(스터럽, Stirrup)
　①　전단보강
　②　균열 증대방지
　③　주철근 상호 간의 위치를 보존
　④　간격 : 보 춤(가로재의 높이를 말함)의 1/2 이하(30cm 이하)
(6) 슬래브 : 최소두께 10cm 이상
(7) 무량판 구조(플랫 슬래브, Flat Slab)
　외부 보를 제외하고 내부에는 보없이 바닥판을 구성하여 하중을 기둥에 직접 전달하는 구조. 슬라브의 두께는 15cm 이상으로 하여야 함
　①　장점
　　㉠ 구조가 간단하고 공사비가 저렴
　　㉡ 실내 이용률이 높음
　　㉢ 층고를 낮출 수 있음
　②　단점
　　㉠ 고정하중 증대
　　㉡ 뼈대의 강성이 약함

(8) 플랫 슬래브(Flat Slab)의 펀칭현상 : 슬래브의 편하중이 기둥에 불안정하게 전달되어 접합부가 뚫리는 현상
  ① 방지대책
    ㉠ 슬래브 두께 증가
    ㉡ 기둥상부 드롭패널 설치
    ㉢ 기둥상부 캐피탈 설치

## 5 철골구조

(1) 철골구조 접합부에 작용하는 부재력 : 축방향력, 전단력, 모멘트
(2) 용접
  ① 용접의 결함
    ㉠ 언더컷 : 용접선 끝에 생긴 작은 홈
    ㉡ 피트 : 비드 표면에 뚫린 구멍
    ㉢ 오버랩 : 들떠 있는 현상
    ㉣ 슬래그 섞임 : 용착금속 안에 슬래그 발생
(3) 철골구조의 고력 볼트접합
  ① 접합부의 강성이 높아 변형이 없음
  ② 볼트에는 마찰접합의 경우 전단력이 없음
  ③ 계기공구를 사용하여 정확한 강도 발생
  ④ 공기가 단축, 노동력 절약
  ⑤ 볼트접합은 리벳접합(강철판에 구멍을 뚫어 리벳을 꽂고 머리부분을 바친 후 해머로 두들겨 변형시켜 체결)보다 강성이 좋음
(4) 스터드볼트 : 주로 전단력을 부담하는 볼트
(5) 스티프너 : 철골조의 판보 등에서 웨브판의 좌굴을 방지하기 위해 설치하는 보강재
(6) 격자보 : 웨브재를 상하부 플랜지에 90°로 조립한 보로서 가장 경미한 하중을 받는 곳에 주로 사용되며, 콘크리트 피복이 필요

(7) 스페이스 프레임 구조 : 강재를 연속적으로 접합하여 입체 구조물을 만든 구조
  ① 동일부재 반복, 조립으로 작업용이
  ② 넓은 공간을 구성하는 데 적절
  ③ 재료는 주로 강관을 사용

## 6 목구조

(1) 목재 접합
  ① 이음 : 2개 이상의 부재를 접합하는 것
  ② 접합 : 부재를 직각 또는 경사지게 맞추는 방법
  ③ 쪽매 : 판재 등을 가로로 넓게 접합시키는 것

(2) 반자틀
  ① 반자틀 짜기 : 달대받이 → 달대 → 반자틀받이 → 반자틀
  ② 달대용어
    ㉠ 달대받이 : 상판에 묻어둔 철물에 9cm 목재 고정
    ㉡ 달대 : 4.5cm 각재를 120cm 간격으로
    ㉢ 반자틀받이 : 4.5cm 각재를 90cm 간격으로 배치하여 달대에 고정
    ㉣ 반자틀 : 4.5cm 각재를 45cm 간격으로 반자틀받이에 못 고정

(3) 우미량 : 지붕 등의 측면에 동자기둥을 세우기 위해 처마도리와 지붕보를 걸쳐댄 보

(4) 추녀 : 지붕 귀퉁이 처마와 처마가 각도를 이루며 만나는 경계의 부재

(5) 심벽 : 기둥과 기둥 사이에 벽을 만들어 기둥이 보이도록 한 벽

### 7 프리스트레스트 콘크리트 구조

(1) 프리스트레스트 콘크리트 : 고강도 강선을 사용하여 인장응력을 부여한 콘크리트로 단면을 적게 하면서 큰 응력을 받을 수 있음
　① 장점
　　㉠ 내구성, 수밀성이 양호
　　㉡ 처짐이 적고 안정성이 큼
　② 단점
　　㉠ 강성이 작아 진동되기 쉽고 변형하기 쉬움
　　㉡ 고강도 강재는 고온에 강도가 급격히 감소
　　㉢ 철근콘크리트에 비해 비쌈

### 8 커튼월 구조

외벽은 단지 건물 내부와 외부라는 공간을 칸막이하는 커튼의 구실만 하도록 한 비내력벽 구조체로 설치 해체가 자유로운 구조체

# CHAPTER 02 건축환경

## 01 건축환경

### 1 새집 증후군

(1) 원인
  ① 건물의 기밀성 증대로 인한 환기부족 현상
  ② 건자재, 시공재의 화학물질 사용 증가

(2) 방지책
  ① 법령강화
  ② 화학물질 접촉 최소화
  ③ 물리적 방법 : 식물 기르기, 환기, 난방 등
  ④ 화학적 방법 : 광촉매 도포

(3) 환기방식
  ① 제 1종 환기
     급기기기와 배기기기를 동시에 사용 : 병원, 수술실, 거실, 지하극장
  ② 제 2종 환기(압입식)
     급기기기만 사용 : 일반실, 무균실, 반도체공장, 식당, 창고
  ③ 제 3종 환기(흡출식)
     배기기기만 사용 : 유해가스 발생장소, 화장실, 욕실, 주방, 흡연실

## 2 소음

(1) 음의 단위

① dB : 음압측정비교

② phon : 음 크기 레벨

③ $W/m^2$ : 음의세기

④ $N/m^2$ : 음압

(2) 음향효과

① 칵테일파티 효과 : 여러 음이 혼합적으로 들리는 경우에서도 대화 상대의 소리만을 선택적으로 들을 수 있는 것

② 간섭 : 2개 이상의 음파가 동시에 어떤 점에 도달하면 서로 강화하거나 약화시키는 현상

(3) 잔향이론 : 음원에서 어떤 소리가 끝난 후 실내에 음압이(약 60dB)이 될 때까지의 시간, 잔향시간은 실용적에 비례, 흡음력에 반비례

$$RT = K\frac{V}{A}$$

$RT$ : 잔향시간(SEC)  $K$ : 비례상수(0.162)
$V$ : 실의 용적($m^3$)  $A$ : 흡음력

(4) 잔향시간 : 영향요소 - 실용적, 실내표면적, 실의 평균 흡음률, 잔향시간이 길면 언어의 명령도가 저하된다.

모아바  www.moa-ba.com
모아소방전기학원  www.moate.co.kr

# 05

PART

건축설비(산업)기사
엑기스 요약집

# 전기설비 및 소방설비

# CHAPTER 01 기초전기

## 01 전기의 기초

### 1 전기에너지

(1) 전기에너지 : 전기의 발생은 전자의 이동에 의해서 발생
    ⇨ 자유전자(Free Electron)의 이동
(2) 전하량 ~ 전자가 이동하려는 힘의 양
(3) 전자의 질량 : $1.602 \times 10^{-19}$
(4) 전류의 흐름 : 전자는 음(-)극에서 양(+)극으로 이동하고 전류의 흐름은 반대 전압
(5) 전압과 기전력 : 전압(전위차)은 전기 에너지의 차이며 기전력은 전위차를 만들어주는 힘(전위차 = 전압)

$$V = \frac{J}{Q},\ V = IR$$

V : 전압[V]   I : 전류[A]
R : 저항[Ω]   J : 일[J]
Q : 전기량(전하량)[C]

(6) 전류[A] : 전하의 흐름으로, 단위 시간 동안에 흐른 전하의 양
(7) 저항 : 전기의 흐름을 방해하는 요소
    금속 중 저항률 큰 순서 : 납 > 백금 > 텅스텐 > 마그네슘
(8) 온도에 따른 저항
    ① 온도가 높아질수록 저항은 큼
    ② 온도가 낮아질수록 컨덕턴스가 큼
    ※ 컨덕턴스 : 저항의 반대 개념으로 흐르기 쉬운 정도를 말함
        - 저항의 역수(모호)[℧]

## 2 정전용량과 케패시터

(1) 정전 유도(Electrostatic Induction) : 도체에 대전체를 접근시키면 대전체에 접근 쪽에서는 대전체와 극성이 다른 전하가 모이고 반대쪽에는 대전체와 같은 극성의 전하가 나타나는 현상

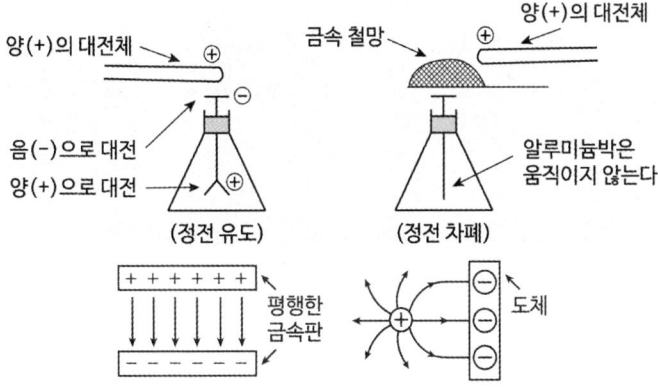

(2) 전하량(Coulomb)[C]
1A전류를 단위시간 동안 흐를 때 생기는 전하의 량

$Q[C] = It$   I : 전류[A]   t : 시간[Sec]

(3) 정전 용량(Capacitance, 캐패시턴스)[F]
1V 전압에서 1C의 전하량을 저장하는 능력

$C[F] = \dfrac{Q}{V}$   Q : 전기량(전하량)[C]   V : 전압[V]

### 3 저항 : 옴의 법칙

$$V = IR$$    V : 전압[V]    I : 전류[A]

(1) 직렬 합성저항

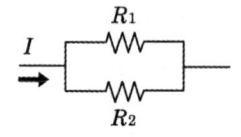

$$R = R_1 + R_2 + R_3 + \cdots + R_t$$

(2) 병렬 합성저항

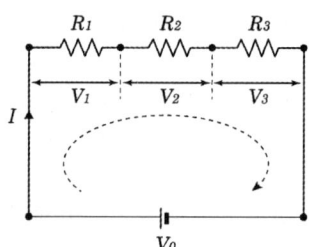

$$R = \cfrac{1}{\cfrac{1}{R_1} + \cfrac{1}{R_2}} = \cfrac{R_1 \times R_2}{R_1 + R_2}$$

(3) 직렬의 전압분배

$R_1$에 걸린 저항의 전압

$$V_1 = \frac{R_1}{R_1 + R_2 + R_3} V$$

V : 합성저항에 걸린 전압

전체전류와 각 저항에 흐르는 전류는 모두 같음

$$I = I_1 = I_2 = I_3$$

(4) 병렬의 전류분배

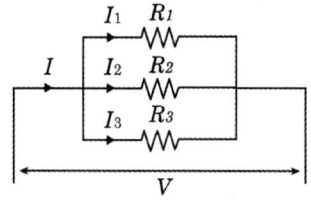

전체 전압과 각 저항에 걸린 전압은 모두 같음

$$V = V_1 = V_2 = V_3$$

전체 전류는 $I = I_1 + I_2 + I_3$

$$I_1 \text{에 흐르는 저항의 전류} = \frac{R_2 + R_3}{R_1 + R_2 + R_3}$$

병렬 결선은 기본적으로 병렬결선(같은 크기의 전압을 걸리게 하는 결선)이다. 전압분배와 전류분배의 법칙에 따라 전류는 R에 직렬로 연결하여 측정하며 전압은 R에 병렬로 연결하여 측정한다. 보편적인 측정기기는 멀티미터로 전압, 전류, 전기저항을 측정한다.
① 분류기 : 전류계의 측정 범위를 넓힘(병렬접속)
② 배율기 : 전압계의 측정 범위를 넓힘(직렬접속)

### 4 줄열과 전력, 전력량

(1) 줄열

① 줄의 법칙(Joule's Law) : 전류가 흐를 때 소비되는 전기 에너지는 열에너지로 바뀜

$$H = I^2 Rt\,[J] = 0.24\,I^2 Rt\,[cal]$$

② 전력(Electric Power) : 전기에너지가 다른 에너지로 변환되어 단위시간 1초당 소비되는 비율

$$P = VI = I^2 R = \frac{V^2}{R}[W]$$
$$P[W] = J/\sec$$

(2) 전력량 : 전력에 시간의 개념이 곱해진 전력의 양

$$Pt[Ws] = \frac{Pt}{3600}[Wh] = \frac{Pt}{3600000}[kWh]$$

(3) 제벡효과 : 다른 온도 ➪ 기전력 발생(열전 온도계)

(4) 펠티어효과 : 전류를 흘리면 ➪ 열의 발생 또는 흡수(전자냉장고)

(5) 톰슨효과 : 도체 막대기의 양끝을 다른 온도로 유지하고 전류를 흘릴 때 발열 또는 흡열이 일어나는 현상

## 5 교류회로

(1) 교류 : 시간의 경과에 따라 주기적으로 상이 바뀌는 전압, 전류

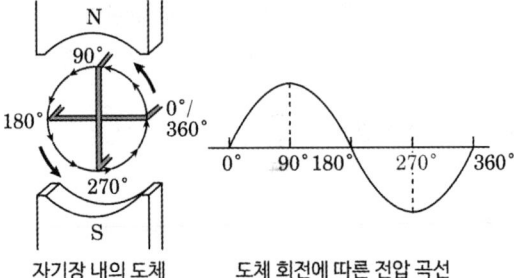

자기장 내의 도체    도체 회전에 따른 전압 곡선

(2) 주기(Period) : 1사이클의 변화에 필요한 시간

(3) 주파수(Frequency) : 1초 동안에 반복되는 사이클의 수

(4) RLC회로

① 임피던스[Ω] : 리액턴스의 총칭으로 종류는 다음과 같이 2종이다.
   ㉠ 유도성 리액턴스(코일) $X_L$
   ㉡ 저장성 리액턴스(콘덴서) $X_c$

② 코일L만의 병렬회로 특성 : 전류가 90도 지상이다(늦다).

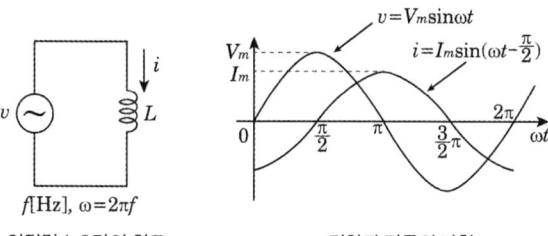

인덕턴스 $L$만의 회로     전압과 전류의 파형

③ 콘덴서C만의 병렬회로 특성 : 전류가 90도 진상이다(빠르다).

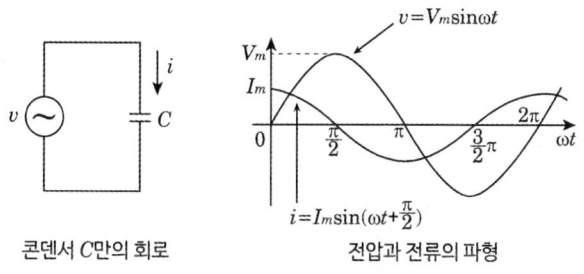

콘덴서 $C$만의 회로     전압과 전류의 파형

④ 콘덴서의 합성 정전용량

$$직렬C[F] = \frac{C_1 C_2}{C_1 + C_2}$$

$$병렬C[F] = C_1 + C_2$$

⑤ 저항 R만의 회로 : 전압과 전류가 동상

(5) 단상 교류회로의 전력 : 전력은 피상, 유효, 무효 전력 3가지로 구분
  ① 피상전력(겉보기 전력)
    교류부하나 전원의 용량을 나타내는데 사용하는 값으로 단위는 [VA]이다.
    피상전력 = $\sqrt{유효전력^2 + 무효전력^2}$
  ② 유효전력 : 실제 부하에서 유효하게 작용하는 전력 단위는 [W]이다.
    $P = VI\cos\theta \, [W]$
    여기서 cos값은 역률로 사용에 효과적인 비율을 말한다.
  ③ 무효전력
    피상전력 중 무효한 전력을 말한다. 단위는 [Var]이다.
    이러한 무효전력을 최소화하기 위해 진상 콘덴서를 사용하여 역율을 개선한다.
  ④ 역률
    역률 = $\dfrac{소비전력}{피상전력}$

(6) 3상 교류회로

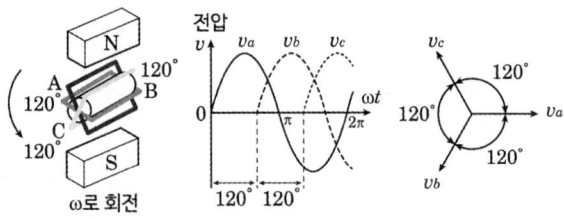

  ① 순시값의 표현
    $v_a = V_m \sin wt \, [V]$
    $v_b = V_m \sin(wt - \dfrac{2}{3}\pi) \, [V]$
    $v_c = V_m \sin(wt - \dfrac{4}{3}\pi) \, [V]$

② Y결선과 △결선

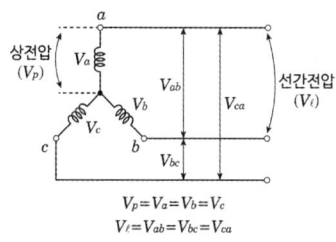
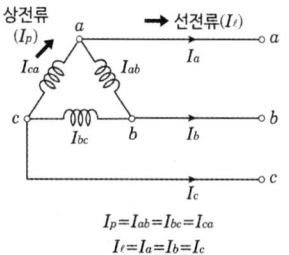

$V_p = V_a = V_b = V_c$
$V_\ell = V_{ab} = V_{bc} = V_{ca}$

$I_p = I_{ab} = I_{bc} = I_{ca}$
$I_\ell = I_a = I_b = I_c$

| | 3상 결선법 ||
|---|---|---|
| | Y결선 | △결선 |
| 전압 | $V_\ell = \sqrt{3}\, V_p \angle + \dfrac{\pi}{6}\,[V]$ | $V_\ell = V_p\,[V]$ |
| 전류 | $I_\ell = I_p\,[A]$ | $I_\ell = \sqrt{3}\, I_p \angle - \dfrac{\pi}{6}\,[A]$ |
| 전력 | 피상 전력 : $P_a = 3 V_p I_p = \sqrt{3}\, V_\ell I_\ell\,[VA]$<br>유효 전력 : $P = 3 V_p I_p \cos\theta = \sqrt{3}\, V_\ell I_\ell \cos\theta\,[W]$<br>무효 전력 : $P_r = 3 V_p I_p \sin\theta = \sqrt{3}\, V_\ell I_\ell \sin\theta\,[Var]$ ||

(7) 실효값과 평균값

① 최댓값 : 교류 순시값 중 가장 큰 값으로 Vm, Im으로 표현

② 평균값 : 평균 전력으로 정현파에서 $\dfrac{2}{\pi}$ ≒ 0.637과 같음

③ 실효값 : 실제 효과가 있는 전력으로 정현파에서 순간 전력을 $\sqrt{2}$ 로 나눈 값 = 0.707과 같음

④ 최댓값과 관계 : 0.707 × $Vm$(최댓값) = 실효값
   0.637 × $Vm$(최댓값) = 평균값

⑤ 파형률과 파고율 : 파형률 = 실효값/평균값
   파고율 = 최댓값/실효값

## 6 RLC회로의 공진

(1) 공진

① 직렬 공진 : 임피던스가 최소, 전류가 최대

② 병렬 공진 : 임피던스가 최대, 전류가 최소

(2) 공진주파수

$$f_0 = \frac{1}{2\pi\sqrt{LC}} \, [Hz]$$

(3) 코일의 유도성 리액턴스 계산

$$X_L = \omega L = 2\pi f L \, [\Omega]$$

(4) 콘덴서의 저장성 리액턴스 계산

$$X_c = \frac{1}{\omega C} = \frac{1}{2\pi f C} \, [\Omega]$$

(5) RLC 직렬 합성 인덕턴스

$$|Z| = \sqrt{R^2 + X^2} \, [\Omega]$$

# CHAPTER 02 전기설비

## 01 전기설비

### 1 전압

(1) 전압의 종류

| | |
|---|---|
| 저압 | 직류(DC) : 750[V] 이하의 전압 |
| | 교류(AC) : 600[V] 이하의 전압 |
| 고압 | 직류 : 750[V]를 초과하고, 7[kV] 이하의 전압 |
| | 교류 : 600[V]를 초과하고, 7[kV] 이하의 전압 |
| 특고압 | 7[kV]를 초과하는 전압 |

(2) 전기설비 종류

① 일반용 전기설비
  ㉠ 주택, 상점 등 한정된 구역에서 설치하는 소규모 전기설비
  ㉡ 저압으로 수전 용량은 75kW(제조업 및 심야전력은 100kW) 저압 이하 및 비상용 예비 발전기 10kW 미만

② 자가용 전기설비
  ㉠ 전기 사업용 전기설비 및 일반용 전기설비 외의 전기설비
  ㉡ 고압 또는 저압으로 수전 용량은 75kW(제조업 및 심야전력은 100kW) 저압 이하 및 비상용 예비 발전기 10kW 미만

③ 전기 사업용 전기설비 : 발전소, 변전소, 송전전로

(3) 옥내 전로의 대지 전압 제한
사용전압 400[V] 미만 대지 전압은 300[V] 이하

## 2 전선

(1) 전선의 종류

① 단선 : 도체가 한 가닥으로 되어 있는 전선, 선 굵기는 공칭 단면적 $mm^2$으로 표현

② 연선 : 소선을 여러가닥으로 모아 만든 전선, 선 굵기는 각 소선 공칭 단면적 합 $mm^2$으로 표현

  ㉠ 연선의 소선 수 N
    = $3n(n+1) + 1$
    = 1층(7가닥), 2층(19가닥), 3층(37가닥), 4층(61가닥)

③ 절연 전선
  도선에 절연물을 피복한 전선, 저압 옥내 배선에 주로 사용

④ 코드 : 옥내 소형 전기 기구의 이동용 전선, 전선이 부드럽고 기계적 강도가 약하다.

⑤ 케이블 : 1차 절연물 절연 후 2차 외장한 전선, 절연성과 기계적 안정성 높다.

(2) 전선의 구분

① 경동선 : 인장 강도가 커서 가공 선로에 사용

② 연동선 : 전기 저항이 작고, 부드러움. 옥내 사용

(3) 전선의 구비조건

① 도전율이 크며 기계적 강도가 클 것

② 신장률이 크며 내구성이 클 것

③ 비중(밀도)이 작고 설치가 용이할 것

④ 가격이 저렴하고, 구입이 쉬울 것

(4) 전선의 굵기 선정조건

허용전류(안전하게 연속적으로 흘릴 수 있는 최대 전류값), 전압강하, 기계적 강도

(5) 전선 종류 약어

   ① OW : 옥외용 비닐 절연전선

   ② DV : 인입용 비닐 절연 전선

   ③ NR : 450/750[V] 일반용 단심 비닐 절연 전선

   ④ NRV : 고무 절연 비닐 시스 네온전선

   ⑤ VV : 비닐 절연 비닐 시스 케이블

   ⑥ CV : 가교 폴리에틸렌 절연 비닐 시스 케이블

   ⑦ FL : 형광등 전선

   ⑧ ACSR : 강심알루미늄연선

(6) 전선의 접속

   ① 전기적 저항을 증가시키지 않을 것

   ② 기계적 강도를 20[%] 이상 감소시키기 않을 것

   ③ 절연을 위하여 테이프나 와이어 커넥터로 보호

   ④ 옥내배선 공사에서 전선의 접속은 박스 안에서 할 것

      ㉠ 트위스트 접속 : 6[mm$^2$] 이하, 가는 전선

      ㉡ 브리타니아 접속 : 10[mm$^2$] 이상, 굵은 전선

      ㉢ 쥐꼬리 접속 : 박스 안에서만 접속, 2 ~ 3가닥까지 커넥터이용

(7) 전선의 병렬 사용

   ① 동선 50mm$^2$ 이상 또는 알루미늄 70mm$^2$ 이상 사용할 것

   ② 동일한 도체, 동일한 굵기, 동일한 길이일 것

(8) 전선의 배관 공구

   ① 오스터 : 금속관의 조립을 위해 나사산을 내는 공구

   ② 리머 : 관 안의 날카로운 것을 다듬는 공구

   ③ 홀소 : 캐비닛에 구멍을 뚫을 때 사용

   ④ 스프링 와셔 : 진동으로 인한 볼트 풀림을 방지

   ⑤ 링 리듀서 : 노크 아웃 직경이 큰 경우에 사용

   ⑥ 절연부싱 : 금속관 끝에 절연피복을 보호

⑦ 로크너트 : 금속관을 박스에 고정할 때 사용

⑧ 유니온 커플링 : 금속관을 회전할 수 없을 때 접속

## 3 접지

대지와 전기설비 간 전기적 접속을 통하여 이상전류를 대지로 방출하여 사람과 전기설비를 보호하고 기기의 안정된 동작을 확보하기 위함

(1) 접지공사의 목적

① 기기접지(누설전류로 인한 감전 방지)

② 계통접지(고압 저압 혼촉 시 고압 전류에 의한 감전 방지)

③ 뇌해 방지(피뢰 접지)

④ 지락 사고 발생 시 보호 계전기 신속 동작

⑤ 정전기 방지용 접지

⑥ 통신 노이즈 방지용 접지

(2) 전로 전압에 따른 절연 저항 최솟값

| 전로의 사용 전압 구분 | | 절연 저항값 |
|---|---|---|
| 400[V] 미만 | 대지 전압이 150[V] 이하인 경우 | 0.1[MΩ] 이상 |
| | 대지 전압이 150[V] 초과 300[V] 이하인 경우 | 0.2[MΩ] 이상 |
| | 사용 전압이 300[V] 초과 400[V] 미만인 경우 | 0.3[MΩ] 이상 |
| 400[V] 이상의 저압 | | 0.4[MΩ] 이상 |

(3) 접지공사의 종류

| 기계 · 기구의 사용 전압 구분 | 접지공사의 종류 |
|---|---|
| 400[V] 미만 저압용 | 제3종 접지공사 |
| 400[V] 이상 저압용 | 특별 제3종 접지공사 |
| 고압용 또는 특고압용(피뢰기, 피뢰침) | 제1종 접지공사 |

※ 제1종과 특별 제3종 접지는 10[Ω]이하

제2종 접지공사 $\dfrac{150}{1선지락전류}[\Omega]$ 이하

제3종은 100[Ω] 이하를 유지해야 함

(4) 접지 공사의 방법

① 접지극은 지하 75[cm] 이상으로 매설
② 지하 75[cm]부터 지표상 2[m]까지의 접지선 부분은 합성수지관 또는 이와 동등 이상의 절연효력 및 강도를 가지는 몰드로 덮어야 함
③ 접지극에서 지표상 60[cm]까지 접지선 부분은 절연전선(OW선 제외), 캡타이어 케이블 또는 케이블을 사용
④ 접지선을 철주 등은 접지극 1[m] 이상 이격
⑤ 수도관로 : 3[Ω] 이하 접지극으로 사용 가능

(5) 과전류 차단기 시설 : 퓨즈, 배선용 차단기

① 고압및 특별 고압의 전로
② 간선의 전원측이나 분기점 등
③ 시설제한 : 단상 3선식이나 3상 4선식의 중성선

## 4 수변전 설비

(1) 수변전 설비의 계획 시 고려 사항

① 감전 및 화재의 위험이 없도록 안전하게 설비할 것
② 신뢰성이 높을 것
③ 유지보수가 쉬울 것
④ 합리적 기기 배치로 오동작이 없을 것
⑤ 장래 증설 및 확장에 대비할 수 있을 것
⑥ 경제적일 것

(2) 변압기 용량의 계산

$$변압기\ 용량 = \frac{부하설비용량의\ 합[kW] \times 수용률}{역률 \times 부등률}[kVA]$$

(3) 수용률 : 총 부하 설비 용량에 비하여 동시에 사용되는 전기설비의 %를 말함

$$수용률 = \frac{최대수용전력[kW]}{총\ 설비용량의\ 합계[kW]} \times 100[\%]$$

(4) 부등률(동시사용률) : 동시에 전기기기를 사용하는 정도
(5) 부하율 : 수용가에서 공급 설비 용량을 어느 정도로 유효하게 사용되는지 나타낸 것

$$부하율 = \frac{부하의\ 평균 전력[kW]}{최대수용전력[kW]} \times 100[\%]$$

(6) 누전차단기(지락차단장치)의 시설 : 150[V] 초과 300[V] 이하 저압 전로의 인입구
(7) 부하의 산정 : 배선 설계를 위한 부하설비 용량 계산

$$부하설비용량 = (표준\ 부하\ 밀도 \times 바닥\ 면적)$$
$$+ (부분\ 부하\ 밀도 \times 바닥\ 면적) + 가산\ 부하[VA]$$

## 5 조명설비

(1) 조명정의 : 발산되는 빛의 양(광속), 빛의 세기(광도), 밝기(조도), 표면의 밝기(휘도)
(2) 광원의 종류 : 형광등(F), 수은등(H), 나트륨등(N), 메탈 핼라이드등(M)
(3) 조명 설계 시 조건 : 조도확보, 눈부심고려, 그림자(광원위치), 경제성
(4) 관등회로 : 방전등용 안정기로부터 방전관까지의 전로를 말함

(5) 조명의 확산
  ① 완전확산면 : 어느 방향에서 보아도 휘도가 같은 면
  ② 전반조명 : 조도를 균일하게 조명하는 방식
  ③ 국부조명 : 특정 부분만을 조명하는 방식

## 02 전기기기

### 1 직류기

(1) 전자력

$$힘(전자력)\ F = BIL\ [N]$$

B : 자속밀도[Wb/m³]
I : 전류    L : 도선의 길이[m]

(2) 직류기 3대 요소 : 계자 + 전기자 + 정류자
  ① 계자 : 자속을 발생
  ② 전기자 : 유기기전력을 발생
  ③ 정류자 : 교류를 직류로 바꿈
(3) 중권과 파권 : 권선의 연결방법에 따라 중권과 파권으로 나뉨. 중권은 저전압 대전류용으로 병렬권이며, 파권은 소전류 고전압용으로 직렬권
(4) 전기자 반작용
  ① 전기자 반작용 발생 이유 : 전기자 권선의 전류 때문임
  ② 전기자 반작용 영향 : 중성축 이동, 주자속 감소, 정류 불량
(5) 전기자 예방방법
  ① 브러시 위치를 전기적 중성점으로 이동
  ② 보극을 설치
  ③ 보상 권선을 설치(전기자 전류 방향과 반대로)

(6) 플레밍 법칙 : 발전기(오른손), 전동기(왼손)

(7) 전동기의 속도제어법

　① 계자 제어법 : 정출력 제어법

　② 전압 제어법 : 속도 제어 범위를 광범위 제어

　③ 저항 제어법 : 전기자 회로에 기동저항을 삽입

(8) 제동법 : 발전제동, 회생제동, 역상제동(플러깅)

(9) 타여자 발전기 특성 : 잔류자기 없어도 발전가능

(10) 수하 특성 : 차동복권발전기(용접기용 발전기)

(11) 직류 발전기의 병렬 운전의 조건

　① 정격전압이 같을 것

　② 극성이 일치할 것

　③ 외부 특성 곡선이 거의 일치할 것

## 2 유도전동기

(1) 특징

　① 구조가 간단

　② 중소형으로 가격이 저렴

　③ 회전 수 변화가 적어 속도제어가 어려워 정속도로 사용

(2) 3상 유도 전동기의 기동

　① 전전압 기동법

　② 저항 기동법

　③ 리엑터 기동법

　④ Y-D 기동법 : 기동시 Y결선으로 전류를 1/3으로 줄이구 D결선으로 정상 운전으로 유도하는 방법

　⑤ 기동 보상 기법

(3) 유도전동기 동기속도

$$동기속도 N_s = \frac{120 \times f}{P} [rpm]$$   P : 극수   $f$ : 주파수

(4) 유도전동기 슬립 : 슬립과 회전자 속도

$$N = \frac{120 \times f}{P}(1 - S) [rpm]$$

(5) 복권 발전기의 병렬 운전 : 균압선 사용
(6) 직권 전동기 : 힘이 세다, 토크는 전류의 제곱에 비례, 토크와 속도는 제곱에 반비례, 무부하 운전 금지, 전동차·권상기·크레인 사용, 직권전동기의 토크는 전류의 제곱에 비례
(7) 분권전동기 : 정속도 전동기, 토크는 전류에 비례 회전수의 제곱에 반비례. 정속도 특성이 유리한 곳에 사용됨

## 3 유도전동기(교류)

(1) 권수비

$$권수비 : a = \frac{N_1}{N_2} = \frac{V_1}{V_2} = \frac{I_1}{I_2} = \sqrt{\frac{Z_1}{Z_2}} = \sqrt{\frac{R_1}{R_2}} = \sqrt{\frac{L_1}{L_2}}$$

정격1차 전압 = 정격2차 전압 × 권수비

(2) 변압기 유기기전력

$$E = 4.44 f \Phi N$$

(3) 변압기&발전기 규약효율

$$\eta = \frac{출력}{출력 + 손실} \times 100 [\%]$$

(4) 변압기의 이상검출

　① 차동 계전기(전기적 이상 검출)

　② 비율차동 계전기(전기적 이상 검출)

　③ 부흐홀츠 계전기(주 탱크와 콘서베이터 사이에 설치)

(5) 철손과 동손 : 철손과 동손이 같을 때 변압기는 최대 효율이 됨

　① 철손(고정손) : 전압을 일정하게 하고 자속을 증가하면 철손은 감소

　　㉠ 히스테리시스손 : 방지를 위해 규소강판 사용

　　㉡ 맴돌이 전류손 : 방지를 위해 철심을 척층한다. 부하의 변화에 따라 변하지 않는 고정손

　② 동손(구리손) : 부하 시 구리선에서 발열로 손실하며, 부하의 변화에 따라 변하는 가변 손실

　③ 임피던스 와트 : 권선의 구리손과 표유 부하손의 합

(6) 시험

　① 개방시험 : 철손

　② 단락시험 : 동손

(7) 전압 변동률

$$\epsilon = \frac{무부하전압 - 정격전압}{정격전압} \times 100\,[\%]$$

(8) 변압기유의 구비조건

　① 절연 내력이 높을 것

　② 인화점이 높고 응고점이 낮을 것

　③ 화학적인 영향을 받지 않을 것

　④ 침전물이 생기지 않거나, 산화하지 않을 것

　⑤ 냉각효과가 크고 비열과 열전도도가 크며, 점성도가 작을 것, 변압기의 아크 방전에 의해 가장 많이 발생하는 가스는 수소

⑼ 변압기 병렬 운전조건
① 극성이 같을 것
② 권수비, 1차 및 2차 정격 전압이 같을 것
③ 각 변압기의 임피던스가 정격 용량에 반비례할 것
④ 각 변압기의 저항과 누설 리액턴스비가 같을 것

⑽ 측정기기
① 계기용 변압기(PT) : 전압의 변성에 사용, 전압계 연결
② 계기용 변류기(CT) : 전류의 변성에 사용, 전류계 연결
③ 영상변류기(ZCT) : 지락사고 시 영상전류검출

# CHAPTER 03 소방설비

## 1 연소

(1) 연소의 3요소

① 연소의 3요소 : 가연물, 산소공급원, 점화원

② 연소의 4요소 : 가연물, 산소공급원, 점화원, 순조로운 연쇄반응

(2) 점화원(인화점, 발화점, 연소점)

① 인화점 : 외부에너지(점화원)에 의해 인화하기 시작하는 최저온도

② 연소점 : 외부에너지를 제거해도 연쇄반응을 지속할 수 있는 최저온도

③ 발화점 : 스스로 점화할 수 있는 최저온도

(3) 자연발화 예방대책

① 가연성 물질 제거     ② 저장실 습도 낮게 유지

③ 저장실 온도 낮게 유지     ④ 저장실 통풍 및 환기 유지

(4) 정전기 방지대책

① 접지를 함

② 공기를 이온화시킴

③ 제전기를 설치

④ 공기 중의 상대습도를 70% 이상으로 함

(5) 가연물의 구비조건

① 발열량이 클 것(산화되기 쉬운 물질은 발열량이 크다)

② 표면적이 클 것(산소와의 접촉 면적이 커져 연소용이)

③ 활성화 에너지가 작을 것(활성화 에너지 小, 산화되기 쉬움)

④ 열전도도가 작을 것(열전도도가 작으면 열축적 용이)

⑤ 발열반응일 것(산소와 반응 시 반드시 발열반응)

⑥ 연쇄반응을 수반할 것(연소현상이 연쇄적으로 반응)

(6) 연소범위 영향요소

① 온도상승 시 연소범위가 넓어짐

② 압력상승 시 연소범위가 넓어짐(단, CO 제외)

③ 산소농도 증가 시 연소범위가 넓어짐

④ 불활성기체가 첨가되면 연소범위가 좁아짐

⑤ 연소범위가 넓을수록 폭발의 위험이 큼

## 2 화재와 소화약제

(1) 화재 특성 분류

| 화재분로 | 구분 | 가연물의 종류 | 색상 | 주소화효과 |
|---|---|---|---|---|
| 일반 | A급 | 일반적인 가연물 | 백색 | 냉각 |
| 유류 | B급 | 특수인화물, 제4류 위험물 | 황색 | 질식 |
| 전기 | C급 | 전류가 흐르는 전기설비 | 청색 | 질식 |
| 금속 | D급 | 가연성 금속(K, Na, Mg 등) | 무색 | 피복 |
| 가스 | E급 | 가연성 가스(LNG, LPG 등) | 황색 | 제거 |
| 식용류 | K(F)급 | 식용류 | | 냉각질식 |

(2) 소화약제의 필요조건

① 소화성능이 뛰어날 것

② 독성이 없고 인체에 무해할 것

③ 환경에 대한 오염이 적을 것

④ 저장에 안정할 것

⑤ 경제적일 것

(3) 분말소화약제의 종류 및 특성

| 종류 | 제1종 | 제2종 | 제3종 | 제4종 |
|---|---|---|---|---|
| 소화효과 | 4 | 2 | 3 | 1 |
| 주성분 | 중탄산나트륨 (탄산수소나트륨) | 중탄산칼륨 | 제1인산 암모늄 | 중탄산칼륨 + 요소 |
| 분자식 | $NaHCO_3$ | $KHCO_3$ | $NH_4H_2PO_4$ | $KHCO_3 + (NH_2)_2CO$ |
| 비중 | 2.18 | 2.14 | 1.82 | - |
| 착색 | 백색 | 보라색/담회색 | 담홍색/황색 | 회색 |
| 충전비 | 0.8 | 1.0 | 1.0 | 1.25 |
| 적응화재 | B, C, F | B, C | A, B, C | B, C |

## 3 스프링클러

(1) SP는 물을 소화약재로 하는 자동식 소화설비로 화재가 발생한 경우 자동으로 화재를 감지, 경보, 소화할 수 있는 소화설비
(2) 방수압력 및 방수량 : 기준개수의 모든 헤드로부터
  ① 방수압력 : 0.1MPa 이상 1.2Mpa 이하
  ② 방수량 : 80L/min 이상

(3) 헤드 기준개수

| 스프링클러설비 설치장소 | | | 기준개수 (개) |
|---|---|---|---|
| 지하층을 제외한 층수가 10층 이하인 특정소방대상물 | 공장 또는 창고 (랙크식창고 포함) | 특수가연물을 저장·취급하는 것 | 30 |
| | | 그 밖의 것 | 20 |
| | 근린생활시설·판매시설 운수시설 또는 복합건축물 | 판매시설 또는 복합건축물 (판매시설이 설치되는 복합건축물) | 30 |
| | | 그 밖의 것 | 20 |
| | 그 밖의 것 | 헤드의 부착높이가 8m 이상인 것 | 20 |
| | | 헤드의 부착높이가 8m 미만인 것 | 10 |
| 아파트 | | | 10 |
| 지하층을 제외한 층수가 11층 이상인 특정소방대상물(아파트 제외)·지하가 또는 지하역사 | | | 30 |

(4) 수원의 계산

① 폐쇄형 헤드

㉠ N × 80L/min × 20min( ~ 29층)

㉡ N × 80L/min × 40min(30 ~ 49)

㉢ N × 80L/min × 40min(50 이상 ~ )

② 개방형 헤드 : 수리계산에 의한다.

(5) 헤드의 부속설비

① 리타팅챔버 : 일시적 물넘침에 따라 비화재보 방지를 위한 부속 설비

### 4 옥내소화전

옥내소화전은 건물 내 화재 시 관계자 등 초기 대응 인력이 사용하는 수계 소화설비이다.

(1) 수원

① 수원의 저수량 : 옥내소화전의 설치개수가 가장 많은 설치개수 N(2개 이상 설치된 경우 2개, 고층건축물의 경우 최대 5개)에 $2.6m^3$(130L/min·개 × 20min)를 곱한 양 이상(호스릴 옥내소화전설비 포함)

⇨ 30 ~ 49층 : N × $5.2m^3$(130L/min·개 × 40min) 이상
50층 이상 : N × $7.8m^3$(130L/min·개 × 60min) 이상

(2) 기동용 수압개폐장치

① 기동용수압개폐장치 : 기동용수압개폐장치는 펌프방식 중 자동기동방식에서 사용하며, 소화설비의 배관 내 압력변동을 검지하여 자동적으로 펌프를 기동 또는 정지시키는 장치로서 압력챔버, 전자식 기동용 압력스위치, 부르동관식 기동용압력 스위치가 있으며, 일반적으로 압력챔버를 기동 용수압개폐장치로 많이 사용한다. 압력챔버의 구조는 사진과 같으며, 각각의 기능은 다음과 같다.

㉠ 용적 : 100L 이상

㉡ 안전밸브 : 과압방출

㉢ 압력스위치 : 압력 증감을 전기적 신호로 변환하여 펌프 자동기동 및 정지시키는 역할

㉣ 배수밸브 : 압력챔버의 물 배수

㉤ 개폐밸브 : 점검 및 보수 시 급수 차단

㉥ 압력계 : 압력챔버 내의 압력 표시

## 모아 건축설비(산업)기사 엑기스 요약집

| | |
|---|---|
| **발행일** | 2023년 10월 31일 초판 1쇄 |
| **지은이** | 이현석 |
| **발행인** | 황모아 |
| **발행처** | (주)모아교육그룹 |
| **주 소** | 서울특별시 영등포구 영신로 32길 29 세화빌딩 2층 |
| **전 화** | 02-2068-2852(출판), 010-3766-5656(주문) |
| **팩 스** | 0504-337-0149(주문) |
| **등 록** | 제2015-000006호 (2015.1.16.) |
| **이메일** | moate2068@hanmail.net |
| **누리집** | www.moate.co.kr |
| **ISBN** | 979-11-6804-203-2 (13540) |

이 책의 가격은 뒤표지에 있습니다.

Copyright ⓒ (주)모아교육그룹 Co., Ltd. All Rights Reserved.

이 책은 저작권법에 의해 보호를 받는 저작물이므로 저자와 출판사의 서면 허락 없이 내용의 전부 또는 일부를 이용하는 것을 금합니다.